Magda El Banna

Chimie des colorants et des rayonnements

Magda El Banna

Chimie des colorants et des rayonnements

ScienciaScripts

Imprint

Any brand names and product names mentioned in this book are subject to trademark, brand or patent protection and are trademarks or registered trademarks of their respective holders. The use of brand names, product names, common names, trade names, product descriptions etc. even without a particular marking in this work is in no way to be construed to mean that such names may be regarded as unrestricted in respect of trademark and brand protection legislation and could thus be used by anyone.

Cover image: www.ingimage.com

This book is a translation from the original published under ISBN 978-613-8-31752-4.

Publisher:
Sciencia Scripts
is a trademark of
Dodo Books Indian Ocean Ltd. and OmniScriptum S.R.L Publishing group
Str. Armeneasca 28/1, office 1, Chisinau-2012, Republic of Moldova, Europe
Printed at: see last page
ISBN: 978-620-5-33133-0

Introduction

Les colorants sont des substances chimiques individuelles, des composés organiques colorés, ioniques et aromatiques. Ils sont basés sur la structure du benzène. La couleur d'un colorant s'explique par un chromophore qui est un composé aromatique ; sa structure comprend des cycles aryles qui présentent un système d'électrons délocalisés (1).

Les chromophores courants que l'on trouve dans les colorants sont les suivants :-

-C=C--C=N--C=O--N=N--NO2   Anneaux de quinoléine

Les auxochromes les plus courants dans les colorants sont les suivants :-

-NH3   -COOH -HSO3-OH

Les auxochromes sont des groupes ajoutés à des composés non ionisants afin de préserver leur capacité d'ionisation. L'ajout de groupes ionisants approfondit et intensifie la couleur des composés. Le naphtalène, par exemple, est un composé incolore. Si l'on ajoute un groupe hydroxyle au naphtalène, on obtient du 1-naphtol, un composé également incolore, mais ionisable. Si l'on ajoute un groupe nitro, qui est un chromophore, au lieu d'un groupe hydroxyle, on obtient un composé jaune clair, le 2,4-dinitronaphtalène. Si l'on ajoute à la fois le groupe hydroxyle et le groupe nitro, on obtient un colorant jaune foncé, le jaune de Martius.

L'ajout à la fois d'un auxochrome et d'un chromophore entraîne une modification beaucoup plus importante du maximum d'absorption du composé. Le groupe hydroxyle aurait dû approfondir la couleur, ce qui montre que les auxochromes sont également des chromophores (1). Les groupes méthyle et éthyle modifient également la couleur des colorants en changeant l'énergie des électrons délocalisés. Par exemple, le triphénylméthane avec trois groupes amino en position para sans groupes méthyle ; le colorant de départ est appelé pararosaniline et a une couleur rouge. En ajoutant quatre groupes méthyle, on obtient un colorant rouge-violet appelé violet de méthyle. Si l'on ajoute d'autres groupes méthyle, on obtient un colorant bleu violacé, le violet cristallin, qui possède six groupes de ce type. En ajoutant un septième groupe méthyle, on obtient le vert de méthyle (1).

Tous les composés aromatiques absorbent l'énergie électromagnétique, mais seuls ceux qui absorbent la lumière dans la gamme de longueurs d'onde visible (~350-700 nm) sont colorés. Les colorants contiennent des chromophores, des systèmes d'électrons délocalisés avec des doubles liaisons conjuguées, et des auxochromes, des substituants donneurs ou fournisseurs d'électrons qui provoquent ou renforcent la couleur du chromophore en modifiant l'énergie totale du système d'électrons (12).

Types de colorants et leur classification

Classification chimique des colorants

Les colorants sont classés en fonction de leur composition chimique ou de leur mode d'utilisation pratique. La première a une valeur théorique pour le chimiste, mais peu de valeur pour le teinturier, qui s'intéresse principalement à la réaction des colorants sur la fibre utilisée. Les composants chimiques des colorants sont si variés qu'il est difficile de les classer en différents groupes. Dans certains cas, un colorant donné peut être classé dans l'un ou l'autre groupe (2).

Ce tableau classe les colorants en fonction des groupes chromophores, comme indiqué dans l'illustration :

Tableau 1 : Classification chimique des colorants.

Name of Class	Chromophore group	Example	Functional Types
Anthraquinone		Alizarin yellow GG	Mordant
		Remazol brilliant blue	Reactive
		Simpson violet	Disperse
		Simpson blue GL	Disperse
		Alizarin blue S	Mordant
		Indigosol violet	Vat
		Cibacron blue	Reactive
		Alizarin fast green G	Acid
		Indanthrene yellow GK	Vat
		Indigosol brown IBR	Vat
		Mordant red 11	Mordant
		Lumacron red FB	Disperse
		Sudan blue II	Solvent
Azo		Ostazine yellow VGR	Reactive
		Methyl orange	Acid
		Methyl red	Acid
		Congo Red	Direct
		Acid red 1	Acid
		Wegocet orange	Direct
		Cibacron orange	reactive
		Chrysoidine	Basic
		p- Ethoxychrysoidine	Basic
		Metanil yellow	Acid
		Eriochrome yellow 2G	Mordant
		Cibacet scarlet 2B	Disperse

Class	Structure	Dye name	Type
		Janus green B	Basic
		Remazol brilliant violet	Reactive
Azine		Indoline 3B	Solvent
		Indoline 6B	Solvent
		Indoine blue R	Basic
		Methylene blue	Basic
		Safranine B	Basic
		Safranine T	Basic
		Aniline Purple	Basic
		Aniline black	Reactive
		Mordant blue 14	Mordant
		Indamine blue	Basic
		Lissamine blue BF	Acid
Acridine		Phosphine	Basic
		Chrysaniline	Basic
		Acridine orange	Basic
		Acridine Yellow G	Basic
		Acridine 97%	Basic
Diarylmethane		Benzophenone imine	Basic
		Auramine O	Basic
		Auramine G	Basic
		N-(Diphenylmethylene) glycine tert-butyl ester	
Nitro		Nitrotetrazolium Blue chloride	Indicator
		Naphthol yellow S	Acid
		Martius Yellow	Acid
		Picric acid	
		Naphthol blue black	Acid
		Disperse yellow 1	Disperse
Oxazine		Sandocryl blue B-3G	Basic
		Remacryl blue 3G	Basic
		Nile blue A	Basic
		Meldola`s blue	Basic
		Celestine blue B	Mordant
		Gallamine blue	Mordant
		Astrazon blue BG	Basic
		Diamine supra blue	Direct
Quinoline		Quinoline yellow	Acid
		Chromoxane cyanine R	Acid
		Ethyl red	
		Pinacyanol	Indicator
		Diethylcyanine iodide	Indicator
		4,4`Trimethincyanine	Acid

		Quinoline yellow SS	
Sulphur	$R^2 - \overset{\overset{\displaystyle S}{\|}}{C} - R^1$	Dithizone Thioflavine S Dithiooxamide Sulphur black 1 Methylene blue Fast red IT R	Sulphur Direct Sulphur Sulphur Basic Azoic diazo
Sulphophthalein		Bromothymol blue Chlorophenol red Thymol blue Cresol red Xylenol orange Xylenol blue Bromocresol green Bromophenol blue Phenol red Pyrocatechol violet	Indicator Indicator Indicator Indicator Indicator Indicator Indicator Indicator Indicator Natural
Stilbene		Direct Yellow Trans-4-stilbene SynaptoGreen™ C4 Quinaldine Red Stilbene 420 Styrylcyanine	Direct Indicator
Thiazole		Thiazole yellow G Thioflavine T Primuline Thioflavine S Titan yellow	Direct Basic Direct Direct Direct
Triarylmethane		Malachite Green Methyl Green Methyl blue Xylene Blue Crystal Violet Acid Fuchsin Fuchsin Erioglaucine Bromothymol blue Methylthymol blue Lissamine green SF Light green SF	Basic Basic Acid Acid Basic Acid Basic Acid Indicator Indicator Acid Acid
Xanthene		Rhodamine B Rhodamine 6G Pentahydroxy Flavone Ethyl ester Fluorescein Uranine Acid red 87 Eosin Erythrosine	Basic Basic Natural Basic Acid Acid Acid Acid Acid

Classification fonctionnelle des colorants

Colorants 1-acide

Les colorants acides sont une classe de colorants contenant un ou plusieurs groupes acides, tels que les groupes sulfo. Les colorants acides sont des colorants anioniques hydrosolubles utilisés pour teindre des fibres textiles contenant de l'azote, telles que la soie, la laine, le nylon et les tissus acryliques modifiés, avec des bains de teinture neutres ou acides (3). La liaison aux fibres est due, au moins en partie, à la formation de sels entre les groupes anioniques dans les colorants et les groupes cationiques dans la fibre (4). En outre, des liaisons dipolaires de Van der Waals et des liaisons hydrogène se forment entre le colorant et la fibre. Les colorants acides ne sont pas essentiels pour les fibres de cellulose et leur processus de coloration est réversible. La plupart des colorants alimentaires synthétiques appartiennent à cette catégorie (5).

2-Acotoxiques

La teinture à l'azote est une technologie qui permet de créer un colorant azoïque insoluble directement sur ou dans la fibre. Les colorants azoïques sont les colorants les plus utilisés et représentent plus de 60 % de tous les colorants. Ceci est obtenu en traitant les fibres à la fois avec des composants diazoïques et des composants de couplage. En réglant les conditions du bain de teinture de manière appropriée, les deux composants réagissent pour former le colorant azoïque insoluble souhaité. Cette technique de teinture est unique en ce sens que la couleur finale est contrôlée par le choix des composants diazo et copulant. Cette ancienne méthode de teinture du coton est en déclin en raison de la toxicité des produits chimiques utilisés, qui sont dangereux pour la santé humaine et l'environnement (4). Maintenant, la technique de teinture du coton avec des colorants azoïques est différente et la nature des produits chimiques utilisés n'est pas toxique. Les colorants azoïques sont des composés organiques qui contiennent un groupe fonctionnel azoïque colorant ($R-N=N-R'$), où R et R' peuvent être des aryles ou des alkyles. Ils présentent d'excellentes propriétés de coloration, surtout dans la gamme de couleurs jaune à rouge, et sont résistants à la lumière. La résistance à la lumière ne dépend pas seulement des propriétés du composé organique azoté, mais aussi de la manière dont ils sont absorbés sur le support pigmentaire (6).

3- Couleurs de base

Les principaux colorants sont des colorants cationiques solubles dans l'eau, principalement utilisés pour les fibres acryliques, mais aussi pour la laine et la soie. De l'acide acétique est généralement ajouté au bain de teinture afin de favoriser l'absorption du colorant sur la fibre (2). En raison de leur charge positive, les colorants basiques réagissent avec les composés chargés négativement. C'est pourquoi la coloration avec des colorants basiques se fait principalement par liaison ionique. À l'origine, ils étaient utilisés pour teindre la laine, la soie, le lin, le papier, le chanvre, etc. sans utiliser de mordant. Avec un mordant comme l'acide tannique, ils sont utilisés pour le coton et la viscose. Les colorants de base donnent des couleurs vives avec une résistance exceptionnelle aux fibres acryliques (7). Ils peuvent colorer des matériaux indésirables tels que le verre des récipients et le plastique, la porcelaine et le scellement des lavabos, ainsi que les produits industriels et le papier.

4- Colorants directs

La coloration **directe** ou basique s'effectue généralement dans un bain de coloration neutre ou légèrement alcalin, au point d'ébullition ou proche de celui-ci, en ajoutant du chlorure de sodium NaCl, du sulfate de sodium Na_2SO_4 ou du carbonate de sodium Na_2CO_3(8). L'appellation "colorant direct" indique que ces colorants ne nécessitent pas de fixation. Ces colorants ont généralement un composé azoïque -N=N- et un poids moléculaire élevé. Ils sont solubles dans l'eau en raison de la présence de groupes d'acide sulfonique (3). Les couleurs ne sont pas aussi lumineuses qu'avec les colorants de base, mais elles ont une meilleure résistance à la lumière et au lavage, et cette résistance peut encore être nettement améliorée après le traitement. Les colorants de saupoudrage sont utilisés pour le coton, le papier, le cuir, la laine, la soie et le nylon. Ils sont également utilisés comme indicateurs de pH et comme colorants biologiques (8).

5- Colorants de dispersion

Les colorants de dispersion sont les seuls colorants insolubles dans l'eau qui teintent le polyester (9) et les fibres d'acétate. Les molécules des colorants de dispersion sont les plus petites molécules parmi les colorants. La molécule du colorant de dispersion est basée sur une molécule d'azobenzène ou d'anthraquinone à laquelle sont attachés des groupes nitro, amino, hydroxyle, etc. des groupes de liaison. La plupart des formes de polyester sont hydrophobes et n'ont pas de propriétés ioniques, de sorte qu'il est pratiquement impossible de les colorer avec autre chose que des colorants de dispersion. En outre, les fibres de polyester ne gonflent pas à des températures normales, même lorsqu'elles sont plongées dans un bain de teinture, de sorte qu'il est difficile pour les molécules de colorant d'interagir avec le matériau. Même à un point d'ébullition de 100 °C, la teinture du polyester pose problème. C'est pourquoi la teinture du polyester utilise des colorants dispersés dans des solutions de bain de teinture à des températures supérieures d'environ 20 à 30 degrés au point d'ébullition de la solution de bain de teinture. Ces températures plus élevées sont nécessaires pour colorer le polyester sans compromettre l'intégrité moléculaire des colorants dispersés (9).

Pour les mêmes raisons, ils sont également utilisés pour colorer d'autres matériaux synthétiques qui ne sont pas ioniques. Ainsi, le fait que les colorants de dispersion n'aient pas de propriétés cationiques ou anioniques est probablement la caractéristique la plus classifiable des colorants de dispersion.

6- Colorants de décapage

Les colorants mordants sont des colorants qui nécessitent un mordant, c'est-à-dire une substance utilisée pour ancrer les colorants en formant un complexe de coordination lorsqu'ils sont appliqués sur les tissus ou les surfaces de tissus. Le mordant n'a aucune affinité avec la fibre teinte, ce qui améliore la résistance du colorant à l'eau, à la lumière et à la transpiration (10). La plupart des colorants naturels sont des mordants. Bien que la teinture par mordançage soit probablement l'une des plus anciennes méthodes de teinture, son utilisation diminue progressivement. Les principaux colorants de mordançage sont des colorants de mordançage synthétiques ou des colorants au chrome. Ils sont utilisés pour la laine, le cuir, la soie, le papier et les fibres cellulosiques modifiées. La plupart des colorants de mordançage sont des composés azoïques, oxazine ou triphénylméthane. Les colorants de mordançage sont généralement des dichromates ou des complexes de chrome (12). Ils représentent environ 30 % des colorants utilisés pour la laine et conviennent particulièrement bien à la production de teintes noires et foncées. De nombreux colorants de teinture, en particulier ceux qui appartiennent à la catégorie des métaux lourds, peuvent être dangereux pour la santé et doivent donc être utilisés avec un soin particulier.

7-Couleurs naturelles

Les colorants naturels sont extraits de plantes, d'invertébrés, d'insectes ou de minéraux (15). La plupart des colorants naturels sont obtenus par extraction, sans traitement chimique, à partir de plantes telles que les baies, les feuilles, les fleurs, les écorces et les racines, ainsi que d'autres sources biologiques comme les champignons et les lichens. Ces colorants conviennent parfaitement à la coloration des textiles, du cuir, des cheveux, du liège ou à la fabrication de pigments (6). En règle générale, le colorant est versé dans une casserole d'eau, puis le textile à teindre est ajouté, chauffé et remué jusqu'à ce que la couleur change. La plupart des colorants naturels sont des colorants mordants. De nombreux colorants naturels nécessitent l'utilisation de produits chimiques, appelés mordants, pour lier le colorant aux fibres textiles. De cette manière, ils contribuent à une formation plus rapide de la couleur en créant une liaison insoluble entre le mordant et le colorant dans la fibre elle-même. De nombreux mordants (sel, alun naturel, vinaigre et ammoniaque) étaient utilisés par les premiers teinturiers, et certains colorants dégagent une forte odeur. Quatre mordants sont le plus souvent utilisés : **1.** les kwasses (sulfate de potassium). **2.** le chrome (bichromate de potassium) : Il est sensible à la lumière. Ces deux produits de traitement sont populaires et leur utilisation est sûre. **3. le** fer (sulfate de fer) : C'est l'un des plus importants et l'un des plus anciens décapants connus. **4.** l'étain (chlorure de stannose) : Il s'agit d'un mordant important pour la soie et le coton. Certains colorants naturels ont une excellente résistance à la lumière, aux détergents, à l'eau et à la transpiration. Ils sont donc utilisés en petites quantités par les artistes et les artisans (11).

8-Colorants réactifs

Les colorants réactifs sont très résistants en raison de la liaison covalente qui se forme entre l'atome de carbone de la molécule de colorant et les groupes OH, N ou SH dans les fibres (coton, laine, soie, nylon) lors de la teinture. Les colorants réactifs sont le plus souvent utilisés pour teindre la cellulose comme le coton ou le lin et constituent le meilleur choix pour teindre le coton et d'autres fibres cellulosiques à la maison ou dans un atelier d'art (18). Ces colorants possèdent donc un groupe chromophore réactif qui leur permet de réagir avec le groupe hydroxyle de la cellulose ou, plus généralement, avec le substrat fibreux.

Le groupe réactif est généralement lié au chromophore par un groupe de pontage tel que -

NH-, -CO- et SO2- (14). Ils peuvent également être appliqués sur la laine et le nylon ; dans ce dernier cas, ils sont appliqués dans des conditions légèrement acides. La plupart des colorants réactifs sont des composés azoïques ou des composés azoïques complexes métalliques, mais des colorants réactifs anthraquinoniques et phtalocyaniniques sont également utilisés, notamment pour le vert et le bleu. Les colorants réactifs ont une faible consommation par rapport aux autres types de colorants, car le groupe fonctionnel se lie également à l'eau, ce qui entraîne une hydrolyse(12).

Colorants à 9 solvants

Colorants à base de solvants Colorants solubles dans les solvants organiques, utilisés pour colorer le bois et pour fabriquer des peintures, des plastiques, des encres à base de solvants, des huiles de teinture, des cires et des lubrifiants. Leurs molécules sont généralement non polaires ou faiblement polaires et ne sont pas ionisées.

Il s'agit de colorants non ioniques et insolubles dans l'eau (16). Ils ne sont pas souvent utilisés dans l'industrie textile, mais leur utilisation est en augmentation. La plupart des colorants solubles sont des composés diazoïques qui ont subi une restructuration moléculaire. Les colorants solubles de triarylméthane, d'anthraquinone et de phtalocyanine sont également utilisés (12). Ils forment une solution colloïdale dans les solvants. Ils ont une résistance à la lumière médiocre (en tant que colorants basiques) à bonne (en tant que colorants à base de complexes métalliques). Les colorants à base de solvants à complexes métalliques de haute qualité peuvent être utilisés pour colorer les peintures et pour fabriquer des revêtements.

10 - Colorants soufrés

Les colorants au soufre sont des colorants peu coûteux, principalement utilisés pour teindre les fibres de cellulose et le coton dans des couleurs sombres, et sont très importants pour l'industrie (15). Ils sont insolubles dans l'eau et sont réduits à l'aide d'une solution de sulfure de sodium, largement utilisée dans leur fabrication, en un leucoforme soluble dans l'eau, qui est appliqué sur le substrat (18). Les colorants soufrés sont des cycles hétérocycliques contenant du S. Bien qu'ils représentent environ 15 % de la production mondiale de colorants, les colorants au soufre ne sont pas très répandus en Europe occidentale. La coloration s'effectue en chauffant le tissu dans une solution composée d'un composé organique, généralement un dérivé de nitrophénol, et d'un sulfure ou d'un polysulfure. La coloration avec des colorants au soufre se fait par réduction et oxydation, comparable à la coloration dans une cuve (12). Le composé organique réagit avec la source de sulfure et forme des couleurs sombres qui adhèrent au tissu. Le noir de soufre 1, le principal colorant noir utilisé dans le monde pour colorer la pâte à papier, n'a pas de structure chimique bien définie (17).

Colorants de 11 watts

Les colorants de cuve constituent une classe de colorants très ancienne, l'indigo étant l'un des plus anciens colorants de cuve naturels, aujourd'hui fabriqué synthétiquement. Ils sont souvent utilisés pour teindre les fibres cellulosiques, notamment le coton, le lin, la viscose, la laine, la soie et parfois le nylon. Le terme "cuve" est dérivé de l'ancienne méthode de teinture de l'indigo dans une cuve : L'indigo devait être transformé en une forme claire, ce qui se faisait à l'aide de colorants de cuve, des colorants insolubles dans l'eau. Ils sont fabriqués à partir d'indigo, d'anthraquinone et de carbazole, dont l'indigo et l'anthraquinone sont les principales classes chimiques (3, 18). La teinture des fibres avec des colorants pour coton ne se fait pas directement. Le processus de cuisson, qui est un processus de fermentation en milieu alcalin, transforme les colorants de cuve en une forme soluble (79). Ils contiennent également au moins deux groupes carbonyle conjugués qui permettent de les transformer, par réduction dans des conditions fortement alcalines, en leuco-composé anionique correspondant, qui est la forme du colorant appliqué sur le substrat. Une oxydation ultérieure réduit le colorant initialement insoluble. Les colorants de Chane sont également utilisés dans un procédé de teinture en masse en continu, parfois appelé procédé d'application de pigments. Ce procédé de coloration est très résistant au lavage et à la lumière (3).

Tableau 2 : Classification fonctionnelle des colorants et quelques exemples.

Types of dyes	Examples
Acid	Methyl blue Acid fuchsin Orange G Light green SF yellowish Naphthol Naphthol green B Metanil yellow Erioglaucine Methyl red Methyl orange Lissamine green SF
Azoic	Naphthol AS Fast red B Fast scarlet G Fast blue B Fast garnet GP
Basic	Malachite green Auramine O Methylene blue Chrysoidine Rhodamine B Sandocryl blue B-3G Janus green Thiazine Remacryl blue 3G
Direct	Wegocet yellow Wegocet orange Wegocet blue Congo red Titan yellow Trypan blue Direct orange 26 Thioflavine S
Disperse	Lumacron Scarlet 2R Lumacron red FB Simpson blue GL Simpson yellow 4G Simpson violet 2R

	Remacryl red E
	Lumacron red F3BS
	Samaron red
	Disperse Red 1
	Disperse Orange 37
Mordant	Alizarin red S
	Alizarin yellow A
	Gallein
	Chrome violet CG
	Anthracene blue SWR
	Celestine blue B
	Mordant red 11
	Gallamine blue
Natural	Tyrian purple
	Crimson kermes
	Indigo
	Logwood
	Madder
	Allium cepa. L
	Garcinia
	Safflower
	Pentahydroxy flavone
	Cochineal
	black walnut
Reactive	Remazol brilliant red FG
	Remazol yellow
	Reactive yellow H
	Procion Golden yellowH
	Procion yellow H
	Remazol black B
	Evercion red H
	Reactive turquoise HA
	Reactive green H
	Procion red H
	Remazol brilliant blueR
Solvent	Oil red O
	Sudan III
	Sudan IV
	Ethyl eosin
	Sudan black B
	Indamine
	Solvent yellow 33
Sulphur	Sulphur black 1
	Thioflavine S
	Thioflavine T
	Dithiooxamide
	Dithizone
	Sulphur black 1
Vat	Dibromoanthanthrone
	Indigosol red
	Indigosol brown IBR
	Indigo
	Indigo blue
	Vat yellow
	Vat green 1
	Indanthrone

2ème partie

Chimie des rayonnements des colorants anthraquinoniques

Les colorants anthraquinoniques ont une structure quinonoïde qui est responsable de l'aspect du colorant. Le groupe chromophore est / ° deux doubles liaisons conjuguées avec O.

La radiochimie du colorant anthraquinonique a été étudiée par quelques auteurs (23-27), notamment en ce qui concerne la nature des produits intermédiaires formés par les rayonnements ionisants.

L'une des études les plus importantes sur les effets des rayons gamma sur la dégradation des colorants a été réalisée par Perkowski. Des études sur la radiolyse gamma d'un colorant anthraquinonique aqueux (Acid blue 62) ont montré que la décoloration pourrait être principalement due à l'attaque de la molécule de colorant par des radicaux e^-_{aq} et OH (23, 24). Il a été constaté que certains colorants aminoanthraquinones présentaient une résistance variable aux rayons gamma, et la plupart des colorants étudiés ont été proposés pour évaluer des doses d'irradiation inconnues allant jusqu'à 45 kGy (25).

Les colorants anthraquinoniques ont non seulement une excellente stabilité thermique, mais aussi une excellente résistance aux dommages causés par les rayonnements. La relation entre la décoloration de la couleur et la dose d'irradiation appliquée a été étudiée en détail pour de nombreux systèmes de colorants organiques. Ainsi, la décoloration progressive de certaines solutions aqueuses des colorants hydroxyquinoniques alizarine et rouge alizarine S a été surveillée par spectrophotométrie avec des doses d'irradiation croissantes dans la gamme allant jusqu'à 30 kGy (26). La radiolyse de certains colorants anthraquinoniques du commerce en solution aqueuse (bleu foncé, bleu clair et vert) a montré qu'ils étaient décolorés et dégradés par les rayonnements ionisants. Il a été constaté que le degré de décoloration et de dégradation des cycles aromatiques augmentait en présence d'oxygène et que les radicaux hydroxyles jouaient un rôle clé dans la dégradation des colorants sous irradiation (19). La radiolyse de solutions aqueuses désaérées du colorant anthraquinonique Alizarine Brillant Bleu ciel R a entraîné l'apparition d'espèces de transition résultant de réactions entre des électrons hydratés e$^-$q, des radicaux OH et des atomes H (27).

La décoloration induite par les rayonnements de solutions aqueuses de cyanure violet de formyle (FV-CN) avec un pic à 600 nm a été observée. La gamme de doses utilisables de la solution est de 400-4000 Gy, en fonction de la concentration de FV-CN, ce qui pourrait être utile pour un dosimètre à faible dose (28). De plus, la réponse était indépendante du débit de dose et de la température d'irradiation, jusqu'à 60 °C.

Dans nos études, une solution non aqueuse de colorant violet Simpson a été soumise à une irradiation γ et la décoloration de la couleur lors de l'irradiation a été examinée. Le colorant violet Simpson était contenu dans des films de polyméthacrylate de méthyle (PMMA) et les résultats ont été comparés à ceux obtenus pour des films de polymère colorés en externe. La plupart d'entre eux se sont révélés capables d'estimer la dose de rayons gamma dans une plage de doses donnée (29).

Chimie des rayonnements des colorants azines

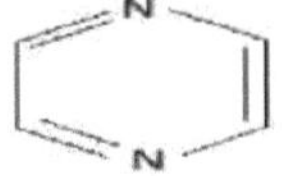

La partie chromogène des colorants azines comprend deux atomes d'azote et les groupes intermédiaires. Selon les règles de Waters, ce groupe devrait être plus sensible à une attaque H qu'à une attaque OH ou HO2 (30). On a étudié la décoloration d'une solution de colorant vert diazine dans l'acétone, exposée à des rayons gamma. On peut en conclure qu'une solution de vert de diazine dans l'acétone peut être utilisée dans un dosimètre à faible dose de l'ordre de 1 à 5 kGy (31).

Des solutions de colorant vert Janus dans l'acétone ont également été étudiées et peuvent être utilisées dans la gamme de doses de 0-7,5 kGy (31). Lorsque le vert Janus était incorporé dans un polymère PVC, le vert Janus/PVC n'a montré sa réaction qu'après une absorption de 40 kGy. Lorsque le vert Janus était incorporé dans des polymères PMMA, PS et PVC, le vert Janus/PMMA, le vert Janus/PS et le vert Janus/PVC ont montré que ces trois échantillons ne pouvaient pas être utilisés comme dosimètres par rapport aux solutions de vert Janus dans l'acétone. Cela pourrait indiquer que le film polymère a un certain effet protecteur sur le colorant (53). La dégradation du bleu de méthylène (MB) en solution aqueuse sous irradiation gamma a été étudiée.

L'efficacité de la dégradation du bleu de méthylène était plus élevée dans des conditions acides que dans des milieux neutres et alcalins (32). La voie de dégradation détaillée a été déterminée en identifiant soigneusement les produits intermédiaires, notamment les aromatiques, dont l'hydroxylation séquentielle conduit à l'ouverture du cycle aromatique (voir schéma 1). La première étape de la dégradation de la MB peut être associée à la rupture des liaisons du groupe fonctionnel C-S+=C dans la MB. Les radicaux OH· peuvent attaquer le groupe fonctionnel C-S+=C dans la MB, ce qui ouvre le cycle aromatique central contenant les hétéroatomes S et N. Bien entendu, de nombreux autres intermédiaires hydroxylés sont également formés (33). Ces résultats peuvent être utilisés comme méthode de traitement des eaux usées diluées dans l'industrie textile.

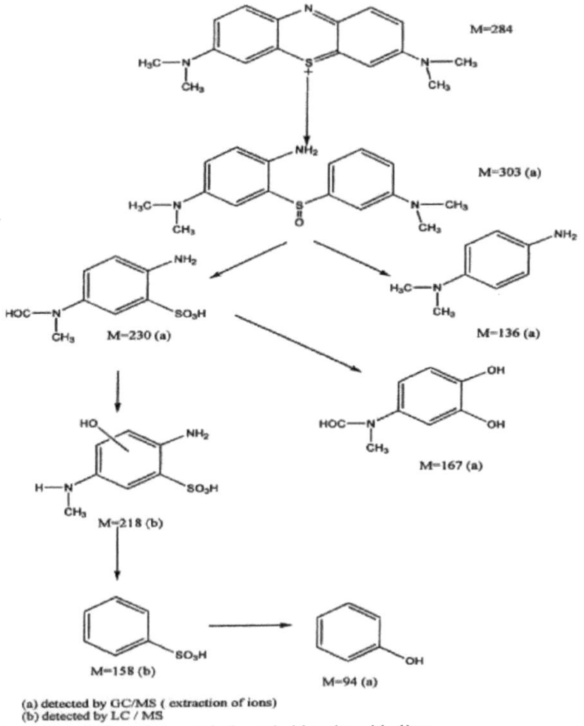
M=284
M=303 (a)
M=230 (a)
M=136 (a)
M=167 (a)
M=218 (b)
M=158 (b)
M=94 (a)
(a) detected by GC/MS (extraction of ions)
(b) detected by LC / MS

Schéma 1 : Voie de dégradation photocatalytique du bleu de méthylène.

Chimie des rayonnements des colorants azoïques

Le blanchiment des colorants dans un système aqueux est dû à l'interaction des radicaux H et OH avec les colorants dans la solution aqueuse désaérée. H est généralement attribué au blanchiment réducteur réversible, tandis que les deux radicaux OH et OH2 sont considérés comme responsables du blanchiment oxydant irréversible (34).

Dans les colorants azoïques, la partie colorante de la molécule est le groupe central azoïque, N=N-. De toute évidence, ce groupe est facilement attaqué par les radicaux H, alors que OH et HO2 sont beaucoup moins efficaces. On observe ainsi la résistance des colorants azoïques aux radiations dans des solutions aérées (35). L'électron hydraté attaque le groupe azo dans la réaction (36) pour former un radical de type hydrazyle (voir figure) :

$-N=N- + e^-_{aq} \rightarrow -N^\bullet-N^- \rightarrow -N^\bullet-NH + OH^-$

The same radical is formed in the H$^\bullet$ addition reaction.

$-N=N- + H^\bullet \rightarrow N^\bullet-NH-$

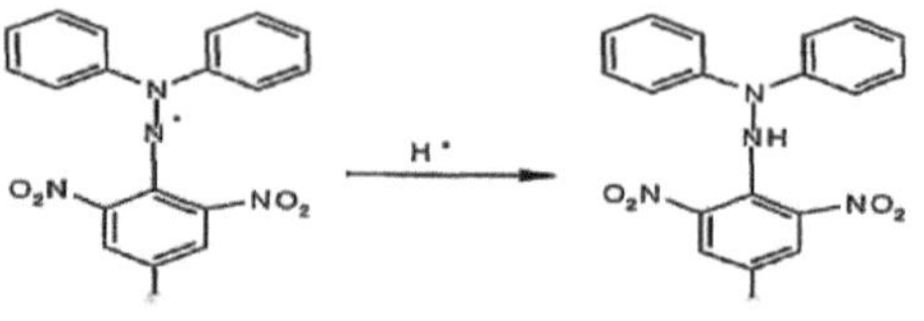

L'addition d'électrons hydratés et l'addition de radicaux hydrogène entraînent toutes deux l'effondrement de la conjugaison de la liaison -N=N et donc la décoloration. La décoloration est moins efficace pour les réactions OH* que pour les réactions e$^-_{aq}$ et H*, ce qui concorde avec les résultats de Foldvary et Wojnarovits(37) .

Ces colorants azoïques représentent un risque sérieux pour l'environnement. Il existe cependant plusieurs méthodes de traitement des eaux usées. La technologie des rayons a été reconnue comme une méthode prometteuse pour le traitement des eaux usées (38) : à l'aide de rayons U ou d'électrons accélérés. C'est une méthode simple et efficace.

Deux colorants monoazoles, l'Acid Red 1 et le Methanil Yellow, ayant des structures moléculaires différentes, ont été étudiés afin de déterminer les effets de leurs structures sur le processus de blanchiment (39).Les pourcentages de blanchiment de l'Acid Red 1 et du Methanil Yellow étudiés dans des solutions aqueuses ont été calculés pour différentes doses d'irradiation. Les résultats sont présentés dans les figures (1, 2), qui montrent qu'il existe une bonne dépendance linéaire dans la plage de doses de 0-16 kGy pour le Methyl Yellow et de 0-25 kGy pour l'Acid Red 1 (azofloxime).

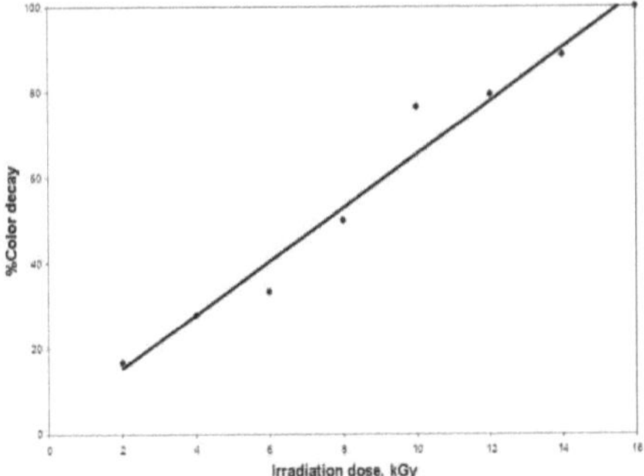

Figure (1) : Relation entre le pourcentage de dégradation de la couleur d'une solution aqueuse de jaune de méthanol et différentes doses d'irradiation.
d'irradiation.

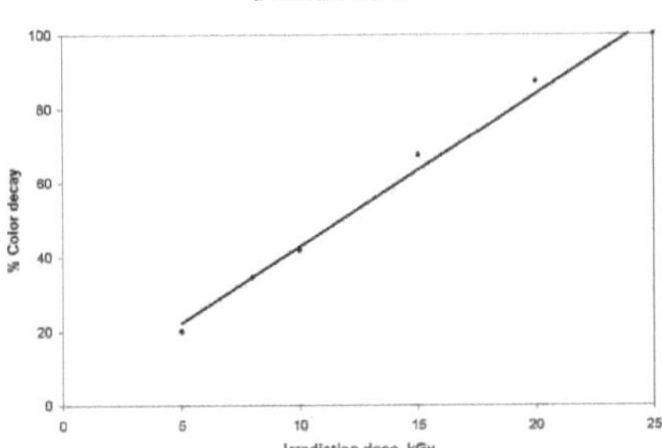

Figure (2) : Dépendance entre le pourcentage de dégradation de la couleur de la solution aqueuse d'acide rouge 1 et différentes doses d'irradiation.

Bien que l'on sache peu de choses sur le mécanisme des réactions radiolytiques des colorants (40, 41), il existe des études mécanistiques sur des molécules plus simples qui peuvent servir de composés modèles pour des colorants utilisables dans la pratique.

Dans le cas du colorant Acid Red 1, l'électron hydraté et l'atome H attaquent la liaison azoïque dans la molécule et détruisent la conjugaison via la double liaison N=N, ce qui entraîne une décoloration.

La structure électronique conjuguée des cycles naphtol est détruite avec une faible efficacité lorsque le produit de transition principal est l'atome H (41). Ceci est en accord avec les résultats précédents (42), selon lesquels l'électron hydraté et l'atome H* réagissent avec le composé azoïque et détruisent la conjugaison, comme le montre le schéma 1. Le radical *OH peut réagir avec un coefficient de vitesse élevé pour toutes les doubles liaisons dans les cycles aromatiques ainsi que pour les doubles liaisons N=N.

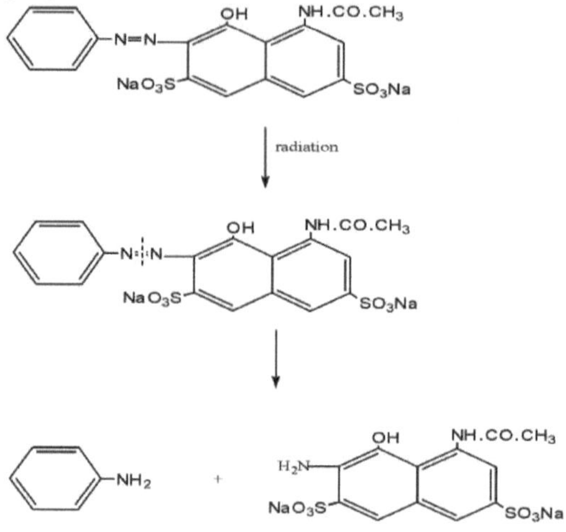

Dans le cas du jaune de méthanyle, la première étape de la dégradation est l'hydroxylation du noyau aromatique par un groupe amino en raison de l'effet d'accepteur d'électrons du groupe sulfonate, qui inhibe la réactivité du noyau aromatique sulfoné vis-à-vis des radicaux OH*, comme le montre le schéma 2. Dans la deuxième étape, le groupe azo très réactif de la molécule est éliminé, ce qui donne l'acide sulfonique du cycle benzénique et la diphénylamine. La désulfonation de l'acide benzènesulfonique en benzène et le clivage des liaisons NH conduisent ensuite à la formation de benzène, d'aniline et de phénol. La poursuite de l'hydroxylation de la diphénylamine et du phénol complète la décomposition et conduit à la formation d'acides de faible poids moléculaire, tels que les acides formique et acétique. Au cours de ces dernières étapes, du CO_2 et de l'eau sont libérés (43).

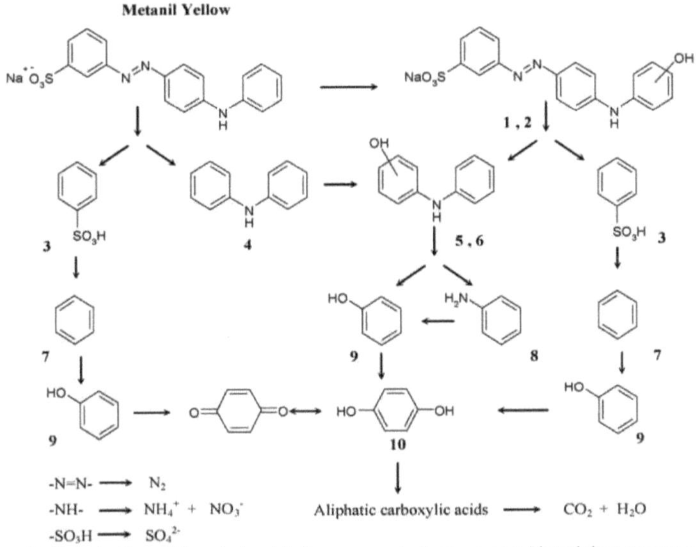

Schéma 2 : Voie de dégradation photocatalytique supposée du jaune de méthanol dans une suspension aqueuse.

Voynarovits et al. ont également étudié les mécanismes de réaction de l'électron hydraté (e-$_{aq}$) et du radical hydroxyle (*OH) lors de la dégradation par radiolyse gamma du dérivé de colorant azoïque H-acide Apollofix-Red SF-28 (AR-28). La réactivité des produits intermédiaires de radiolyse aqueux (e-$_{aq}$, *OH, *H, *O2/*HO2) avec le colorant est discutée. La réaction de e-$_{aq}$ et *H s'est déroulée avec une coloration plus intense en raison des réactions rapides de ces intermédiaires avec le groupe azoïque de la molécule (44).

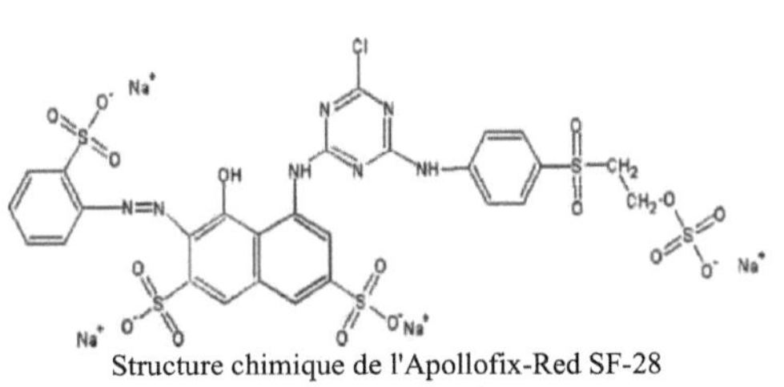

Structure chimique de l'Apollofix-Red SF-28

L'une des études les plus importantes sur l'effet des rayons gamma sur l'intensité de la couleur d'une série de colorants organiques a été réalisée par Zittel (45). Ces colorants sont moins sensibles aux rayonnements dans un milieu neutre ou basique que dans un milieu acide.

Le méthylorange, l'un de ces colorants, s'est avéré être le plus sensible aux dommages causés par les rayonnements, tandis que le vert de bromocrésol était le plus résistant aux dommages causés par les rayonnements. Il a été constaté que l'ajout de petites quantités d'éthanol au milieu réduisait fortement les dommages causés par les radiations aux colorants. Les colorants diazoïques tels que le rouge Congo étaient également résistants aux dommages causés par les radiations dans des solutions aérées (46). Barakat et El Banna ont étudié les effets des rayons gamma sur des solutions aqueuses de méthylorange. Ils ont constaté que la zone de réaction linéaire se situe dans la gamme de doses de 0 à 70 kGy, comme le montre clairement la figure 3 (47), et dans la gamme de doses de 0 à 90 kGy dans une autre étude de Rauf et Ashraf (48). La décoloration en l'absence d'oxygène a été attribuée à une attaque de e⁻ $_{aq}$ or H* par un mécanisme réducteur impliquant l'addition d'hydrogène au groupe azoïque (48). Cependant, en présence d'oxygène, H* a été rapidement converti, comme le montre le schéma 3, pour former HO2* qui, avec les radicaux OH*, pourrait probablement interagir par le mécanisme oxydatif en formant un adduit de radical hydroxyle sur le groupe azoïque. Il est probable que la dégradation de la molécule et la formation de N2 s'ensuivent par un mécanisme similaire à celui déjà signalé pour le colorant Acid Orange 7 (46).

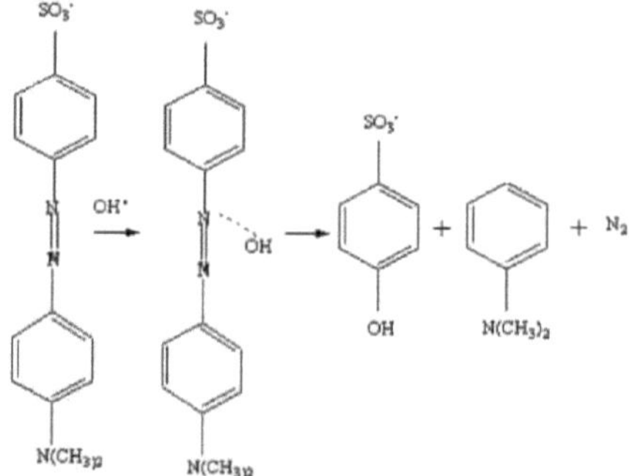

Figure 3 : Décomposition possible du méthylorange

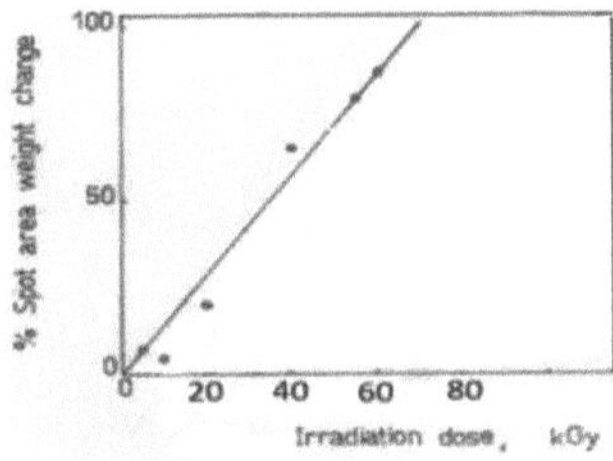

Figure 3 : Variation du pourcentage de décoloration de solutions
aqueuses de méthylorange sous irradiation gamma.

Ainsi, le blanchiment peut généralement être expliqué par l'interaction des radicaux H et OH avec les colorants dans des solutions aqueuses désaérées et par l'interaction de HO'_2 /O-2 et OH dans des solutions aqueuses aérées. H est généralement associé à un blanchiment réducteur réversible, tandis que les radicaux OH et HO'_2 /O-2 sont considérés comme la cause d'un blanchiment oxydant irréversible (34, 56, 60, 82, 100, 101, 102).

Le blanchiment de colorants azoïques réactifs dans des solutions aqueuses a également été étudié par Agustin et. al. (49). Sous l'influence d'espèces oxydantes telles que les radicaux hydroxyles issus de la radiolyse de l'eau, l'acide oxalique était le principal produit de dégradation de la molécule de colorant azoïque. Des molécules de dioxyde de carbone et d'eau ont également été découvertes lors d'une oxydation plus poussée.

Hussain et al. ont mené une étude sur la décoloration du colorant Sandal Fix Red C4BLN dans des solutions aqueuses. Ils ont conclu que cette solution de colorant pouvait être utilisée dans des dosimètres chimiques dans la gamme de 0-1 kGy (50), comme le montrent les figures 4 et 5.

Chemical structure of Sandal Fix Red C4BLN

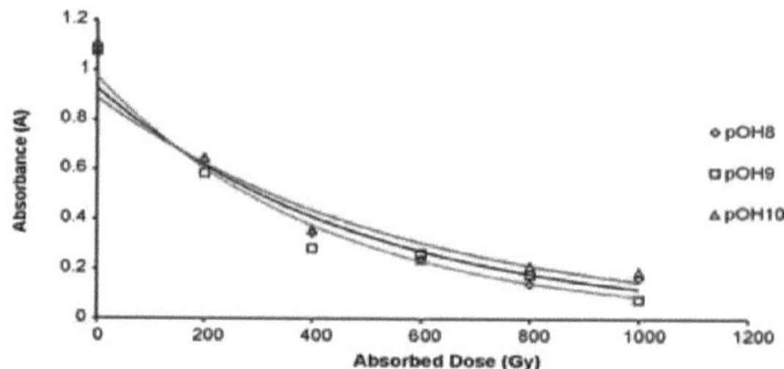

Figure 4 : Réduction de l'absorption en fonction de la dose absorbée de rayons gamma Sandal fix red C4BLN dans des solutions aqueuses.

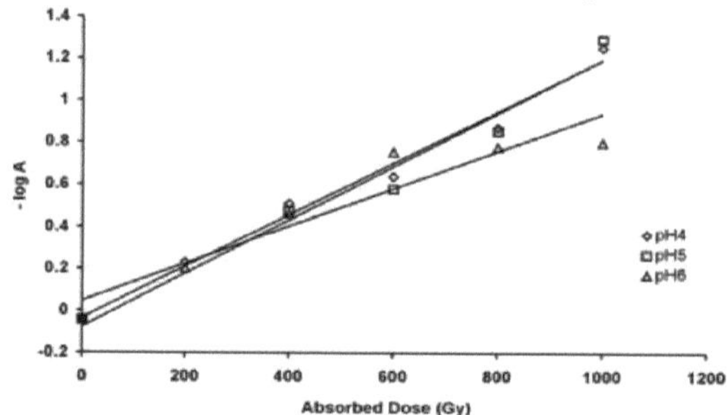

Figure 5 : Réponse au rayonnement gamma en tant que logarithme négatif de l'absorption en fonction de la dose absorbée de Sandal fix red C4BLN dans des solutions aqueuses.

Une autre étude a été menée par El Assi et al. sur la décoloration du colorant diazoïque Helion red 8B dans des solutions aqueuses aérées, désaérées et contenant de l'oxygène. Il a été constaté que les solutions aqueuses du colorant Hélion rouge 8B peuvent être utilisées comme dosimètre chimique pour les rayons gamma dans la gamme de doses de 0,1 à 2 kGy (51). Les systèmes de colorants aqueux présentent généralement de très faibles concentrations d'impuretés, ce qui entraîne de grands écarts dans la proportionnalité entre le dosage et la modification chimique, et des stabilisateurs sont ajoutés pour minimiser cet effet. Cet inconvénient n'est pas aussi prononcé dans les systèmes non aqueux (52). Des études récentes ont examiné la décoloration d'une série de colorants dans des solutions non aqueuses par irradiation gamma, afin de les utiliser comme dosimètres chimiques. Certains composés monoazoïques - rouge de méthyle, orange de méthyle, p-éthoxychrysoïdine et vert de Janus - ont une sensibilité nettement inférieure à celle des composés monoazoïques.

comparé à la sensibilité de la dithizone monoazoïque. Cela est probablement dû à la présence d'un pont aliphatique central assez long avec un groupe -NHNH et un groupe

Chemical structure of Dithizone

=C=S latéral entre les cycles benzéniques dans la molécule de dithizone (53). Ces groupes sont très sensibles aux rayonnements (54, 55). En outre, la sensibilité aux rayonnements du colorant p-étoxychrysoïdine dans la solution de DMF était inférieure aux résultats obtenus pour le rouge de méthyle et l'orange de méthyle en tant que colorants azoïques ; cela ne concorde pas avec les hypothèses de Kabarov et Kozlov (56) selon lesquelles la présence de groupes latéraux en position alpha par rapport au groupe -N=N (comme dans le cas de la p-étoxychrysoïdine) entraîne un rendement de radiolyse relativement plus élevé.

Ces résultats sont toutefois en accord avec le fait bien connu que les composés

Methyl red   p-Ethoxychrysoidine   Methyl orange

aromatiques substitués sont généralement plus stables que les composés non substitués (54).

D'autre part, de nombreuses recherches ont été menées avec différents colorants organiques dans des systèmes non aqueux en tant que systèmes dosimétriques (52, 59, 61). En outre, la radiolyse gamma de solutions d'éthanol de colorants polyméthiniques a été étudiée et il a été conclu que les produits radicalaires de la radiolyse de l'éthanol étaient probablement à l'origine de la décoloration des colorants polyméthiniques (57).

L'effet de l'irradiation y sur les spectres d'absorption des colorants rouge soudan et bleu soudan dans des solutions organiques a été étudié. Une diminution continue des

25

valeurs d'absorption a été observée avec l'augmentation de la dose absorbée. La sensibilité de la décoloration aux rayonnements a donné des rendements de réduction chimique par rayonnement (valeurs G) très différents pour la décoloration des deux colorants, selon que le xylène, l'acétate d'éthyle ou le chloroforme ont été utilisés comme solvants. Sur la base des résultats expérimentaux, des propositions de solutions de colorants comme dosimètres prometteurs ont été faites (58).

L'exposition de solutions aqueuses et non aqueuses de colorants organiques ou de combinaisons colorant-polymère à des rayonnements ionisants entraîne la décoloration de la couleur (52, 53, 61). Par exemple, dans des solutions du colorant jaune Wegocet (WO) (63) dans l'éthanol, la présence d'éthanol a retardé la dégradation du colorant, ce qui est très probablement dû à une protection accrue du colorant contre la décoloration. Dans une solution aqueuse de colorant irradiée dans l'éthanol, les alcools agissent comme des capteurs de radicaux actifs pour les radicaux oxydants produits par la radiolyse de l'eau, comme suit :

$$CH3CH2OH + \cdot HE \wedge CH3 \cdot CH\ OH + H2O\quad K = 0{,}87\ *109$$

Cette réaction entre effectivement en concurrence avec la réaction directe des radicaux OH avec les molécules de colorant. Comme la concentration d'alcool dans la solution irradiée est beaucoup plus élevée que la concentration de colorant, les radicaux OH interagissent de préférence avec les molécules d'alcool, ce qui conduit à une protection à long terme du colorant par le composant alcool utilisé. L'O2 joue un rôle relativement faible, car il est entièrement consommé dans la première phase du processus d'irradiation. Le colorant WO dans les différents solvants a été exposé à des doses croissantes d'irradiation gamma ; les résultats sont présentés dans la figure 6. La relation entre le pourcentage de décoloration du colorant WO dans l'éthanol et les différentes doses d'irradiation est illustrée à la figure 7, qui montre qu'une ligne droite avec une double ligne de rupture est obtenue de 0 à 100 kGy. Ces dépendances peuvent être utilisées comme courbes d'étalonnage pour estimer des doses d'irradiation inconnues dans la gamme de doses de 20 à 90 kGy (63).

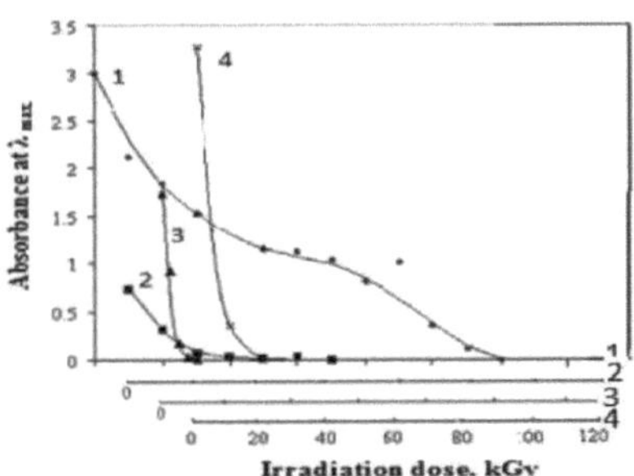

Figure 6 : Modification de l'absorption pour X_{max} de la solution de colorant WO avec une dose d'irradiation croissante : 1 dans l'éthanol, 2 dans le butanol, 3 dans le DMF, 4 dans l'eau.

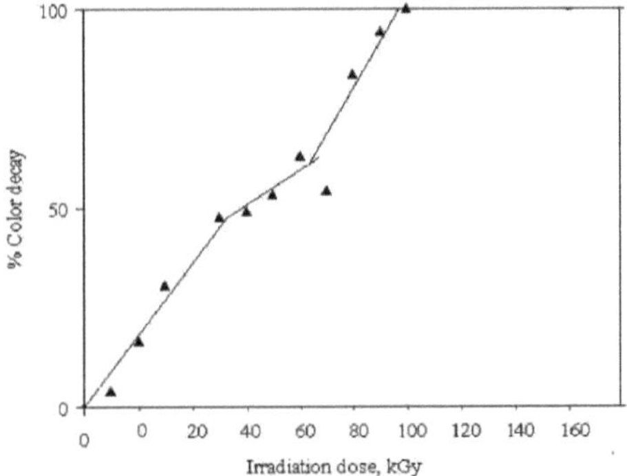

Figure 7 : Changement de couleur en pourcentage des solutions de colorants avec les doses d'action du colorant WO dans l'éthanol.

Structure chimique de Vegocet orange

Wilkinson et Fitches ont également travaillé avec le dithizon dans différents solvants organiques (64).

Les solutions de dithizone dans le chloroforme se sont révélées quelque peu instables, en particulier à l'air. Des solutions de dithizone dans le chloroforme, le tétrachlorure de carbone et des mélanges de ces solvants avec de l'éthanol ont été irradiées aux rayons gamma. La quantité de de dithizone dégradée par irradiation gamma était similaire dans les solutions de tétrachlorure de carbone aérées et non aérées.

Dans les solutions de tétrachlorure de carbone aérées et sans air, mais dans le chloroforme aéré, la quantité de dithison détruite par les rayons gamma était trois fois plus élevée que dans l'air libre. à l'air libre. Il est évident que l'oxygène dissous joue un rôle important dans la destruction de la dithizone dans la solution de chloroforme sous l'effet du rayonnement joue un rôle important.

D'autre part, les changements de couleur dans certains films polymères irradiés aux rayons gamma et contenant des colorants ont été étudiés afin d'obtenir des informations utiles sur leur applicabilité en dosimétrie (105, 106, 107).

Quelques exemples d'études sur la détermination de la coloration dans les systèmes polymères (53) : Deux films polymères de chlorure de polyvinyle (PVC) contenant les colorants organiques p-éthoxychrysoïdine et rouge de méthyle ont été irradiés et la coloration a été surveillée par spectrophotométrie afin de déterminer leur aptitude à être utilisés dans des dosimètres chimiques. Les films contenant de la p-éthoxychrysoïdine n'ont pas réagi à l'irradiation y jusqu'à 250 kGy, après quoi la couleur du colorant a disparu. Les films contenant du rouge de méthyle ont montré une réaction dans la gamme de doses de 20-60 kGy. Cela est probablement dû à l'effet protecteur du matériau polymère sur le colorant utilisé (53). Des films polymères avec une coloration de surface à la p-éthoxychrysoïdine ou au rouge de méthyle ont ensuite été testés afin d'étudier l'utilisation de ces films colorant la surface dans la dosimétrie chimique (63). Il a été démontré que la sensibilité et la plage appropriée pour la p-éthoxychrysoïdine se situent entre 0 et 100 kGy et pour le rouge de méthyle entre 0 et environ 40 kGy. Ceci est comparable à la plage de 20 à 60 kGy précédemment rapportée pour le rouge de méthyle incorporé dans le PMMA.

Un changement de couleur progressif a été observé lorsque deux films polymères d'alcool polyvinylique (PVA) contenant du rouge de méthyle et du PVA contenant du rouge d'acide 4 ont été irradiés avec des rayons y. Pour les films PVA contenant du rouge de méthyle, une décoloration soudaine est apparue à une dose de 30 kGy, mais le changement de densité optique n'était pas très contrasté. Dans le cas du rouge acide4, une décoloration progressive de la couleur rouge a été observée dans la gamme de doses de 1055 kGy. Cela montre que ces films peuvent être utilisés pour la dosimétrie. Lorsqu'un film PVA contenant du rouge de méthyle a été irradié avec des rayons Y, les radicaux d'hydrogène libérés par le PVA ont réduit la molécule de colorant, ce qui a entraîné une décoloration. En cas d'irradiation y, les radicaux d'hydrogène libérés par le PVA ont pu réduire le groupe azoïque, c'est-à-dire le -N=N-rouge de méthyle, ce qui a entraîné la disparition du chromophore. La molécule rouge acide 4 contient également un groupe azoïque, mais est en outre un sel de Na. Lorsque cette molécule est irradiée par des rayons Y, le groupe azoïque, c'est-à-dire -N=N-, peut être réduit sous l'effet des radicaux H libérés par l'acétate de polyvinyle. En conséquence, la quantité de groupes chromophores diminue et la couleur passe du rose foncé au rose clair. Il n'y a pas de perte totale de couleur comme dans le cas du rouge méthylé, car le composé rouge acide-4 est peut-être plus stable (65).

Une coloration radiolytique a été observée avec le méthylorange (MO), qui est utilisé pour colorer les films d'alcool polyvinylique (PVA) (66). Ce film pourrait être utilisé pour l'irradiation à haute dose, de l'ordre de 100 à 200 kGy, comme dosimètre pour la production à grande échelle et pour des applications de routine dans l'irradiation des appareils médicaux. On en a déduit que les colorants sont plus stables dans les films polymères que dans les solutions, ce qui s'explique par l'effet protecteur du matériau polymère sur le colorant utilisé .

Chimie des rayonnements des colorants oxaziniques

Les colorants oxaziniques sont des composés hétérocycliques comportant des atomes

O et N dans un cycle à six chaînons lié à des cycles benzéniques. Le clivage lors de l'irradiation se fait par la double liaison $C=N$, ce qui peut entraîner l'effondrement du système conjugué.

Certaines études ont examiné en détail la relation entre la coloration et la dose d'irradiation appliquée avec les colorants oxazine 720 en solution dans l'éthanol (68) et bleu astrazon BG-200% en solutions aqueuses (69).

D'autres études ont montré que la coloration progressive de certaines solutions aqueuses de bleu sandocrylique B-3G (SB) peut être utilisée dans la gamme de doses allant jusqu'à 15 kGy (70). Les résultats montrent qu'à 5 kGy, le clivage du chromophore était plutôt faible (33,3 %), ce qui indique un faible pourcentage de décoloration. A 7 kGy, le pourcentage de dégradation de la couleur a augmenté de manière significative (61,1 %), ce qui est probablement dû à la séparation effective du groupe chromophore, comme le montre le graphique suivant

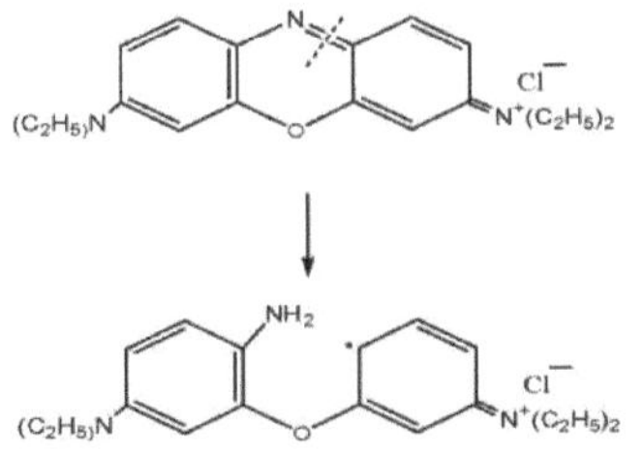

Figure 5 : Chemin de dégradation proposé pour le colorant SB

Chimie des rayonnements des colorants stilbènes

Les colorants stilbènes sont des diaryléthènes qui sont moins stables, car les obstacles stériques réduisent la force d'interaction en raison de la présence de formes cis et trans qui peuvent se transformer sous l'effet de la lumière.

Certains auteurs ont mené des travaux sur la décoloration du colorant orange solophényle TGL en tant que colorant stilbène sous irradiation gamma dans des solutions aqueuses de colorant aérées et saturées en oxygène et en azote. Ils sont arrivés à la conclusion que la coloration augmentait progressivement avec la dose d'irradiation et que la dégradation du squelette moléculaire du colorant était favorisée par la présence d'oxygène (70). L'irradiation gamma ionisante du 4-(4'-N,N,-diméthylaminostiryl)-pyridiniumméthidide a été étudiée dans les solvants eau et diméthylsulfoxyde (DMSO) à différentes doses absorbées. Les plages linéaires de réaction du colorant sont de 0 à 1 kGy pour les solutions de colorant dans l'eau et de 0 à 2,3 kGy pour les solutions de colorant dans le DMSO (71). Ce dosimètre chimique peut être utilisé dans l'agriculture, la médecine et les applications biologiques des sources de rayonnement (72, 73).

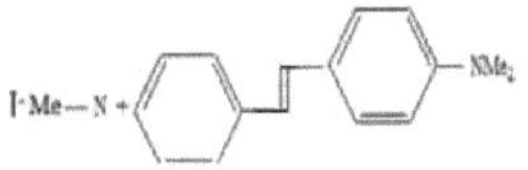

Styrylcyanine structure

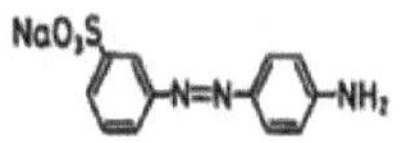

Chemical structure of Solophenyl orange TGL

La coloration de films d'alcool polyvinylique ou de polyvinylbutyral colorés au rouge de quinaldine a été étudiée comme dosimètre élevé. Ces deux films polymères se sont révélés être des dosimètres utiles dans la gamme de doses de 10-90 kGy pour le PVA coloré et de 30-200 kGy pour le PVB coloré (74).

Radiochimie des colorants au soufre

Les colorants au soufre sont des composés organiques insaturés avec des cycles - S hétérocycliques. Lors de la coloration avec des colorants au soufre, des réactions de réduction et d'oxydation se produisent. Des solutions de deux colorants au soufre, la dithizone et le dithiooxamide, ont été analysées dans l'acétone. La présence d'une courbe linéaire du pourcentage de changement de couleur (diminution ou augmentation) en fonction de la dose a été considérée comme une indication de l'aptitude des deux systèmes de colorants utilisés comme dosimètres chimiques (53). La dépendance linéaire de la réponse du dithizon montre une sensibilité particulièrement élevée. Cela s'explique probablement par la présence d'un pont aliphatique central assez long avec un groupe -NHNH et un groupe latéral=C=S entre les cycles benzéniques dans la molécule de dithizone. La gamme de doses utilisables

est de 0-0,24 kGy pour les solutions de dithizone ($9,4 *10^{-5}$ M) et de 0-4 kGy pour les solutions de dithiooxamide ($2,5 \times 10^{-4}$ M), qui peuvent être utilisées comme instrument de mesure des faibles doses (53).

Chimie des rayonnements des colorants thiazoles

Les thiazoles se caractérisent par une délocalisation plus importante des électrons l et ont donc une aromaticité plus élevée. Les colorants thiazole sont des dérivés de thiazole > C=N- et -S-0=. La densité d'électrons l calculée marque l'atome de carbone entre l'atome N et l'atome S comme site électrophile primaire et l'atome de carbone à l'autre site comme site nucléophile. Une étude du colorant thiamine dans des solutions aqueuses a montré qu'il est détruit par irradiation (75, 77).

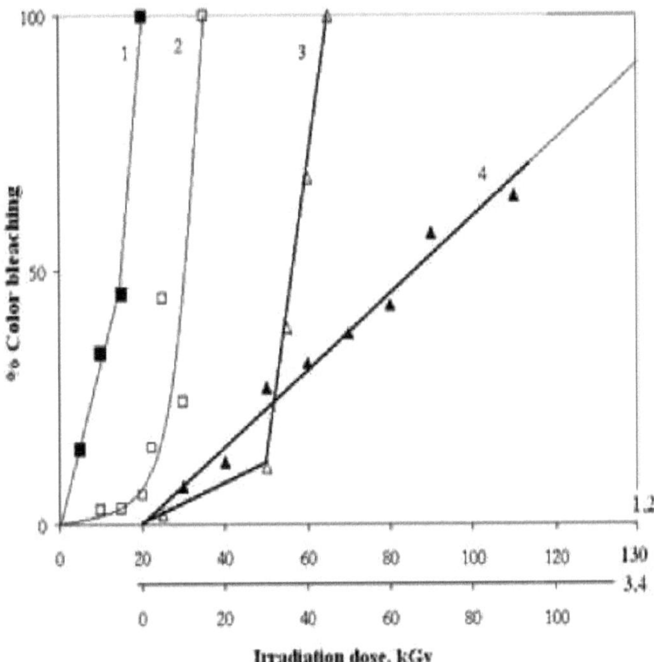

D'autre part, le blanchiment induit par les rayonnements de solutions de colorants Thioflavine S (Th S) (62) et Jaune de titane (TY) (76) a été étudié. Sur la base des résultats obtenus il a été conclu que Th S dans un mélange éthanol-eau à 60% peut être utilisé pour l'évaluation de la dose dans l'intervalle de dose de 5-160 kGy. La sensibilité de ces systèmes aux rayonnements gamma a également été rapportée. Il a été constaté que des solutions de colorant (TY) dans différents solvants organiques peuvent être utilisées pour l'évaluation de la dose dans l'éthanol et les mélanges éthanol-eau dans certaines gammes de dose. Les figures 8 et 9 montrent respectivement les courbes d'étalonnage de différents solvants et de différentes compositions de mélanges éthanol-eau-solvant (76).

Figure (8) : Dépendance entre le pourcentage de destruction de la couleur des solutions TY irradiées et la dose d'irradiation gamma utilisée dans différents solvants :

Chemical structure of TY

Fig.(9) : Dépendance entre le pourcentage de destruction de la couleur des solutions de TY irradiées et la dose

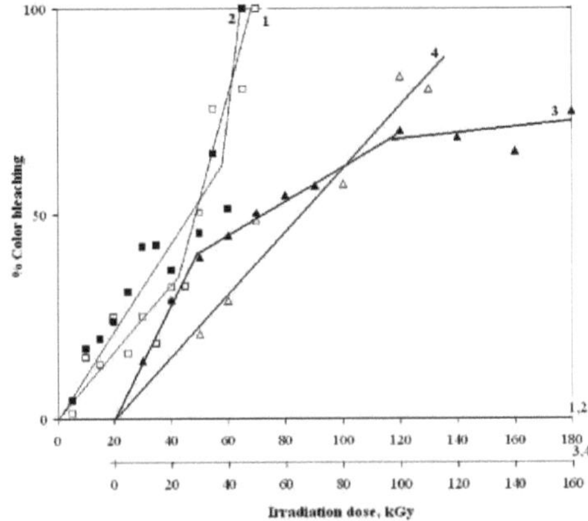

de rayons gamma en :

1- EtOH : DMF (1:1) (□) 2- EtOH : H2O (3:7) (■)
3- EtOH : H2O (6:4) (A) 4- EtOH : H2O (8:2) (A)

Chimie des rayonnements des colorants triphénylméthanes

La décoloration des colorants triphénylméthane peut être réalisée en ajoutant H ou OH à l'atome de carbone central dans des solutions aqueuses désaérées. De cette manière, la décoloration se fera principalement par oxydation et le rendement dans les solutions aérées devrait être plus élevé que dans les solutions désaérées. Certains colorants triphénylméthanes, tels que le vert malachite, l'érioglaucine (79), la fuchsine et le vert brillant, se décolorent davantage dans des solutions aérées que dans des solutions désaérées (80). Dans les solutions aqueuses aérées de bleu de bromothymol (BTB) (79), la coloration s'explique par l'interaction HO_2 $/O_2^-$ et OH (78). Les solutions de BTB aérées ont montré une réponse linéaire jusqu'à 1,5 kGy, de sorte qu'il a été proposé d'utiliser de telles solutions pour la dosimétrie des rayonnements dans la gamme de doses de 0,1 à 1,5 kGy (81). Il a été constaté que le degré de décoloration des solutions de bleu de bromophénol diminue avec l'ajout d'éthanol, G (- BPB) passant de 0,24 à 0,088. Des propositions sont faites pour une éventuelle dosimétrie des rayonnements dans la gamme de doses de 0,1 à 5 kGy (82).

35

Le blanchiment induit par les rayonnements de certains colorants triphénylméthanes a été étudié. Sur la base des résultats obtenus, il a été conclu que le Remazol

Le bleu brillant (RBB) dans l'eau et le vert de méthyle (Me G) dans le butanol peuvent être utilisés pour évaluer les doses dans les gammes de 5-25 kGy et 10-70 kGy, respectivement. La sensibilité de ces systèmes aux rayonnements gamma a également déjà été rapportée (62).

Dans une autre étude portant sur des solutions aqueuses de vert brillant (84), la décoloration du colorant induite par les rayonnements a été mesurée à mesure que la dose d'irradiation augmentait. La diminution de la densité optique était linéaire en fonction de la dose absorbée de 20 à 120 Gy. Toutefois, la limite de dose supérieure a été portée à 200 Gy lorsque le logarithme de l'absorption (-log A) a été tracé en fonction de la dose absorbée (voir figure 10). Ainsi, ce système pourrait être utilisé pour d'éventuelles applications dans la dosimétrie des aliments à faible dose (84).

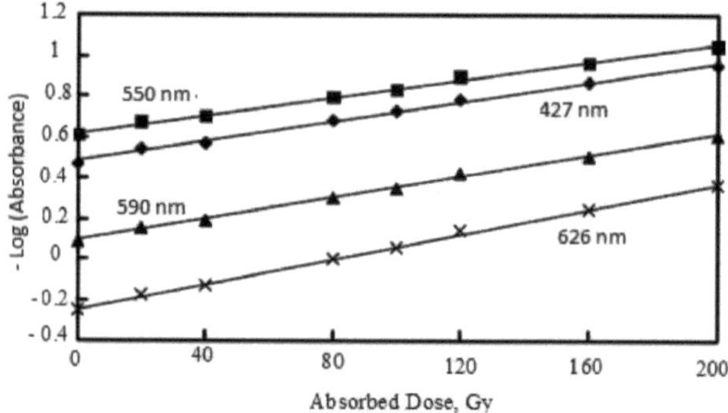

Figure 10 : Fonction de réponse au rayonnement (sous forme de logarithme négatif de l'absorption) en fonction de la dose absorbée dans l'eau pour une solution aqueuse de 25^mol-11 de Brilliant green, mesurée à 427, 550, 590 et 626nm.

Des solutions aqueuses de deux colorants triphénylméthanes substitués par des arylsulfones, le SF jaunâtre vert clair et le FCF vert rapide, ont été étudiées. Les résultats montrent que les deux colorants peuvent être utilisés pour la dosimétrie dans la gamme de doses absorbées de 10-400 Gy (85). La figure 11 montre que cette dépendance donne une fonction de réponse linéaire dans le cas des deux solutions de colorants.

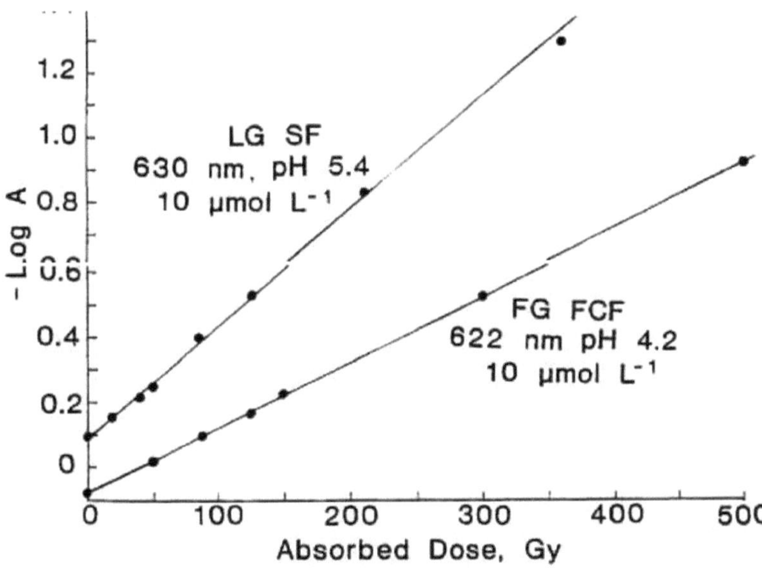

Figure 11 : fonction de réponse au rayonnement pour les solutions aqueuses de colorants LG et FG, exprimée en logarithme négatif de l'absorbance mesurée au pic d'absorption (630 ou 622 nm) en fonction de la dose absorbée.

Light green SF

Pour les solutions aqueuses aérées, on postule un mécanisme reposant principalement sur l'oxydation radiolytique du groupe phénolique protoné ou sulfoné *OH avec abstraction de l'atome H en eau. L'effet de l'alcool sur la réduction du rendement négatif a été démontré. L'effet de l'irradiation est une décoloration due au déplacement des groupes OH et à la dégradation de la molécule de colorant en acides organiques de poids moléculaire plus faible (85).

Weber et Schuler (98) ont constaté que les solutions désaérées de rouge de chlorphénol avaient une efficacité de blanchiment inférieure à celle des solutions aérées. Ce comportement des colorants en solution aqueuse diluée peut s'expliquer, comme le souligne Schuler, par une réaction de compétition entre les colorants et leurs produits d'oxydation successifs pour les mêmes radicaux formés à partir de l'eau (98).

Le colorant rouge chlorphénol est un dérivé dichloré de la phénolsulfonephtaléine.

La décoloration induite par les rayonnements de solutions aqueuses indicatrices de rouge crésol a montré que la solution pouvait être utilisée comme dosimètre de rayonnement dans la gamme de doses allant jusqu'à 0,82 kGy, ce qui est une gamme de doses utile pour les applications de rayonnement alimentaire. Des études sur la stabilité des solutions de rouge de crésol ont montré que les solutions aqueuses de rouge de crésol sont très stables dans l'obscurité, sous lumière fluorescente et à température ambiante pendant une période allant jusqu'à 150 jours (83). Des études sur le blanchiment radio-induit de solutions aqueuses aérées et oxygénées des colorants bleu de bromophénol et pourpre de bromocrésol indiquent une dosimétrie possible des rayonnements dans la gamme de doses de 0,1 à 5 kGy (82, 86). Le colorant fuchsine dans des solutions aqueuses a également été étudié et il a été constaté qu'une courbe de réaction linéaire a été obtenue. Le colorant fuchsine peut donc probablement être utilisé dans la gamme de doses de 50 à 600 Gy pour estimer la dose de rayonnement utilisée pour déterminer la dose de rayonnement pour les aliments (87). Armstrong et Grant ont fait état des effets des rayons gamma sur les solutions acides d'une série de composés 4,4-thénylidène-bis (N,N-diméthylaniline) (88). Ils ont constaté que le système le plus approprié à des fins dosimétriques était composé de 4,4-(5-chloro-2-theinylidène)-bis-N,N-diméthylaniline, de sulfate d'ammonium ferrique, de chlorure de sodium et d'acide chlorhydrique. Dans ce système, le rendement en colorant augmentait de manière linéaire avec la dose d'irradiation, de 0 à au moins 20 Gy. Dans une étude ultérieure, il a été constaté que la gamme de doses utiles de l'irradiation gamma d'une solution aqueuse de colorant rose-bengale était de 50 à 1000 kGy à $_{Amax.}$ 549 nm (89). La stabilité de réaction des solutions dosimétriques a également été étudiée. Stockées à l'obscurité ou à température ambiante, les solutions dosimétriques ont montré une stabilité de réaction allant jusqu'à 22 jours, alors que la réaction à la lumière du soleil ou à 30 °C n'était stable que pendant 6 jours. Une solution aqueuse de colorant rose du Bengale s'est avérée être un dosimètre à faible dose lorsqu'elle était stockée dans l'obscurité à <25°C. La solution aqueuse de colorant rose du Bengale s'est avérée être un dosimètre à faible dose lorsqu'elle était stockée à <25°C.

D'autres colorants sensibles au triphénylméthane (érioglaucine et bleu de xylène) ont été irradiés dans un système aqueux afin d'étudier leur utilisation pour estimer la dose de rayons gamma (47). La coloration est très probablement due à la formation oxydative de produits d'addition OH* ou à l'interaction de O_2 avec les molécules de colorant, qui est probablement suivie par la dégradation des molécules (90). Ainsi, à partir de

Figure 3 : Ces dépendances peuvent être utilisées comme courbes d'étalonnage pour la détermination de doses d'irradiation inconnues dans la gamme de doses de 0-28 kGy pour le bleu de xylène et de 0-30 kGy pour l'érioglaucine.

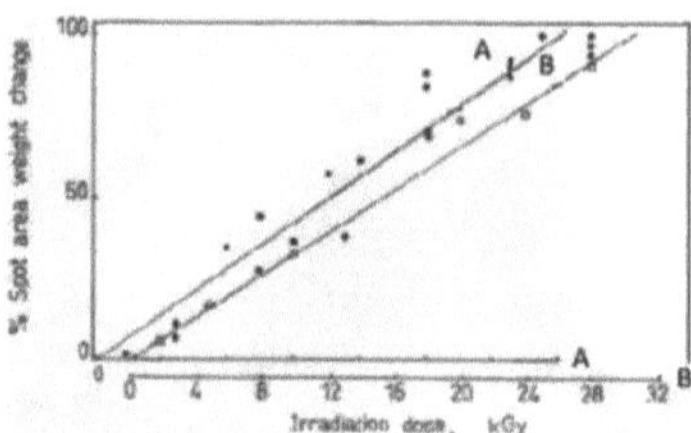

Figure 12 : Variation du pourcentage de dégradation des colorants en fonction de la dose d'irradiation (courbe d'étalonnage) pour les colorants :

Al-Shihri et El-Assi ont étudié l'effet du rayonnement sur l'intensité de la couleur d'une solution aqueuse aérée et saturée en oxygène et en azote du colorant violet d'éthyle (EV). Un rendement de dégradation relativement faible a été obtenu, ce qui indique qu'aucune réaction en chaîne n'a lieu. L'influence de la lumière, du pH et de la température sur la stabilité avant et après un mois d'irradiation a été étudiée. Les résultats ont montré que les solutions de diméthylsulfoxyde (DMSO) de EV sont plus stables aux rayons gamma que les solutions aqueuses de colorant EV. Des propositions ont été faites pour l'utilisation éventuelle de solutions aqueuses d'EV et de DMSO comme dosimètre chimique dans la gamme de dose absorbée de 0,25 et 20 kGy respectivement. Et cela a un certain nombre d'applications utiles pour l'irradiation des aliments (92).

Des solutions alcooliques de chlorure de triphényltétrazolium ont été étudiées dans des milieux non aqueux. La grande solubilité du chlorure de 2,3,5-triphényltétrazolium dans l'éthanol aéré fournit un dosimètre liquide utile, qui montre une augmentation linéaire de l'absorption avec la dose dans la plage de 1 à 16 kGy. Dans la solution non irradiée, il y a une formation photolytique lente du colorant, tandis que dans la solution irradiée, il y a une décoloration initiale suivie d'une inversion lorsqu'elle est exposée à la lumière directe du soleil (91).

Une autre étude a montré que les solutions de colorant vert de méthylène dans le butanol sont appropriées pour l'évaluation des doses dans les gammes de doses suivantes

: 10-70 kGy (62). Les solutions de colorant suivantes peuvent être utilisées pour l'évaluation de la dose dans les plages de doses suivantes : Jusqu'à 28 kGy pour l'érioglaucine dans le DMF, jusqu'à 20 kGy pour le rouge de phénol dans l'éthanol, jusqu'à 16 kGy pour le bleu de méthylthymol dans le méthanol, jusqu'à 2 kGy pour le violet de catéchol dans l'éthanol, jusqu'à 2 kGy pour le bleu de bromothymol dans l'acétone, deux gammes de doses de 0-20 et 70-100 kGy pour l'orange de méthyle dans l'éthanol (53). La sensibilité des systèmes aux rayons gamma a également été calculée.

Les films souples en polyvinylbutyral (PVB) colorés à l'éosine conviennent également en tant qu'appareils de mesure traditionnels à haute dose, pour lesquels les valeurs maximales de la gamme de dose effective se situent entre 120 et 450 kGy, selon la concentration d'éosine et d'hydrate de chloral dans le film (93).

Des films de polychlorure de vinyle (PVC) colorés avec du vert malachite, de l'érioglaucine et du bleu tétrabromophénol ont été étudiés pour la dosimétrie à forte dose de rayonnement. La gamme de doses effectives absorbées par les films colorés va jusqu'à 125 kGy pour le PVC coloré au vert de malachite (94), dans la gamme de doses de 30 à 120 kGy pour le colorant érioglaucine incorporé dans les films de PVC (52), et jusqu'à 8 kGy pour les films de PVC colorés au bleu de tétrabromophénol (96). Les solutions aqueuses d'alcool polyvinylique (PVA) contenant du bleu de bromophénol (BPS) ou du xylénolorange (XOH) sur une plaque de verre conviennent également comme dosimètres classiques à haute dose, jusqu'à 20 kGy pour les films de BPS/PVA et jusqu'à 90 kGy pour les films de XOH/PVA (95).

Abdel-Fattah et al. (97) ont étudié des dosimètres à film Ris0 B3 fabriqués en polyvinylbutyral (PVB) et contenant du cyanure de para-rosaniline. Le film de Ris0 B3 non irradié présente une bande d'émission à 602 nm lorsqu'il est excité à 554 nm, ce qui est clairement visible sur la figure 13. La plage de dose effective du film Ris0 B3 s'étend jusqu'à 120 kGy. Les films PVB Ris0 B3 présentent une bonne stabilité après irradiation dans l'obscurité et à la lumière du jour indirecte.

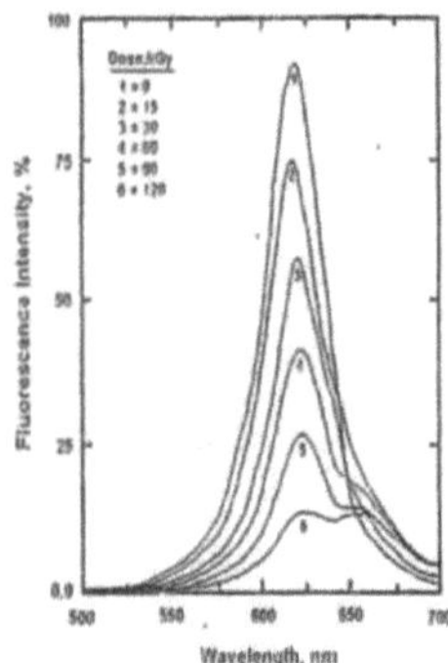

Chemical structure of pararosaniline cyanide

Figure 13 : Spectres d'émission des films Riso B3 pour différentes doses absorbées.

En revanche, la crésolsulfonephtaléine et le pourpre de bromocrésol, qui sont étroitement liés, présentent une augmentation spectaculaire du rendement de décoloration à des doses lorsque l'oxygène dissous est consommé. Plus récemment, des essais ont été réalisés avec la forme acide du pourpre de bromocrésol (86), qui était peut-être plus facile à obtenir.

La gamme de doses utiles pour la fuchsine carbolique (CF) avec le violet cristallin (CV) sur l'alcool polyvinylique (PVA) est de 10-70 Gy. Les deux films CF/PVA et CV+CF/PVA ont été décolorés par l'irradiation gamma, mais le degré de décoloration des films contenant CV+CF n'était que de 10 % inférieur à celui des films contenant CF, si l'on compare la première et la dernière dose pour les deux systèmes. Ainsi, l'ajout de CV joue un rôle important dans la réduction du taux de décoloration du dosimètre et dans l'augmentation de sa stabilité (99). De toute évidence, les colorants dans les films polymères sont des dosimètres plus stables que les colorants dans les solutions lorsqu'ils sont exposés aux rayons gamma.

Chimie des rayonnements des colorants xanthiques

Les colorants xanthènes sont des composés hétérocycliques avec un atome O dans le cycle hexagonal, lié à des cycles benzéniques. Les colorants xanthènes colorent la soie et la laine ; le clivage par irradiation se fait par la double liaison C=O, ce qui peut entraîner la destruction du système conjugué.

Des solutions aqueuses du colorant rhodamine B (Rh B) peuvent être utilisées pour la dosimétrie dans la gamme de dose absorbée de 0,1-2 kGy, en fonction de la concentration du colorant, comme le montre la figure 14(96). Différentes conditions de stockage ont été étudiées. On peut en conclure que le colorant Rhodamine B caractérisé dans la branche dosimétrique convient pour

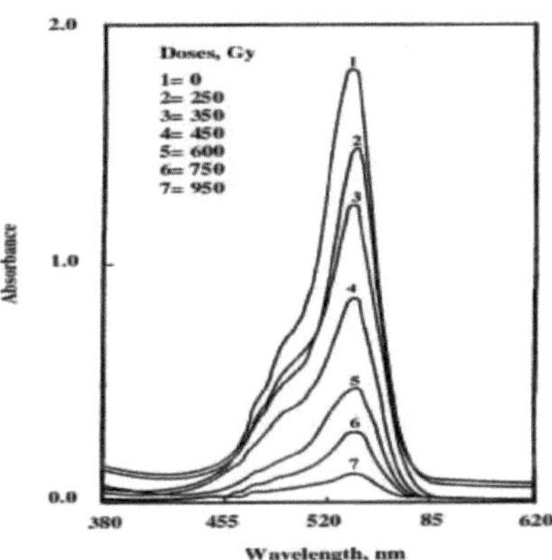

Chemical structure of Rhodamine B

Figure 12 : Spectres d'absorption de solutions aqueuses non irradiées et irradiées de Rh B.

Il a également été constaté que le Rh B peut être utilisé pour estimer la dose dans la plage de 1 à 15 kGy (68).

Certains auteurs proposent d'utiliser des films polymères contenant certains colorants comme surface.

3e partie

Dosimétrie en radiochimie

Cette brochure traite tout d'abord des différentes classifications de certains colorants organiques, de l'effet des rayonnements sur les solutions de ces colorants dans des systèmes de films aqueux, non aqueux et polymères, et de la possibilité de les utiliser comme dosimètres chimiques. Il offre également un aperçu général de la dosimétrie en radiochimie.

La dosimétrie joue un rôle important dans les processus d'irradiation, ce qui est très utile pour le traitement par rayonnement. L'analyse utilisée pour la dosimétrie est principalement la spectrophotométrie dans le spectre visible.

Il convient de noter ici que la décoloration des colorants par irradiation gamma est parfois lente, mais que dans certains cas, elle peut être rapide et aller jusqu'à la disparition totale de la couleur. Bon nombre des dosimètres pour solutions et solides présentés ici conviennent à la dosimétrie de routine et à la mesure des distributions de doses de rayonnement, à condition d'être correctement étalonnés.

Les propriétés radiochimiques et la réponse de quelques systèmes de dosimétrie chimique sont examinées. On constate que les colorants s'atténuent plus lentement dans les solutions non aqueuses que dans les solutions aqueuses et que les colorants s'atténuent plus lentement dans les films polymères que dans les solutions non aqueuses. Plusieurs films polymères ont donc été utilisés en dosimétrie afin d'obtenir des informations utiles sur leur applicabilité (61, 62).

De nombreux systèmes classiques de dosimétrie en phase solide ont été utilisés pour déterminer une dose absorbée plus faible, <1 kGy (104). D'autres systèmes à l'état solide sont capables de mesurer dans la gamme des mégadoses : les luminophores organiques (par exemple l'anthracène, le biphényle et le stilbène), qui subissent une modification de la luminescence photostimulée ou du spectre d'absorption lorsqu'ils sont irradiés (104). Pour la plupart des systèmes, les effets prédominants à une dose absorbée moyenne sont la réticulation des chaînes de polymères, la décoloration et l'assombrissement des verres.

L'ampleur de ces changements dépend du débit de dose, de la température, de la concentration d'oxygène dans l'air et d'autres additifs (104). La réticulation et la décoloration des colorants par irradiation entraînent l'apparition de bandes d'absorption dans les régions ultraviolettes et visibles du spectre, notamment en raison d'une concentration plus élevée de groupes de molécules à double liaison. La couleur plus stable utilisée pour la dosimétrie est due à des chromophores tels que =C=O, comme dans le cas du PMMA et du polycarbonate irradiés, et =C=N- ou -N=N-, comme dans le cas des polymères colorés. Il existe également d'autres types de systèmes de dosimétrie chimique solides, tels que les films plastiques et les plastiques colorés, dont beaucoup présentent un comportement au rayonnement adapté à la dosimétrie de stérilisation par rayonnement (104).

Il existe de nombreux facteurs externes qui peuvent influencer la réponse induite par les rayonnements d'un dosimètre. Les plus courants sont la température, l'humidité, la teneur en oxygène, la lumière, le type de rayonnement, le débit de dose, l'énergie de rayonnement et les facteurs géométriques. Sur la base de ces facteurs, certains systèmes de mesure pour la dosimétrie des rayonnements chimiques sont le PMMA et le PMMA coloré (disponibles sous les noms commerciaux de HP Perspex, Red ou Amber Perspex), le sel de tétrazolium dans le plastique, les films de polycarbonate et les colorants radiochromiques. D'autres matériaux tels que le chlorure de polyvinyle, le fluorure de polyvinyle, la cellophane bleue et divers verres sont disponibles dans le commerce et peuvent également être utilisés si les causes de l'imprécision sont contrôlées et que les corrections appropriées sont apportées (104).

<u>Tableau 3</u> : Résultats généraux concernant l'applicabilité de certaines gammes de doses lors de l'irradiation de colorants dans des milieux non aqueux.

Dose range (kGy)	Dye	Linear dose range (kGy) Suitable range for use in chemical dosimetry
0-5	Diazine green in acetone	1-5
	Methyl red in acetone	0-3 3-7.5
	Dithiooxamide in acetone	0-4
	Pyrocatechol violet in ethanol	0-2
	BTB in acetone	0-2
	Pentahydroxy flavone in acetone	0-0.35
0-20	Methyl orange in ethanol	0-20 70-100
	p-Ethoxychrysoidine in DMF	1-19 20-40
	Janus green in acetone	0-7.5
	Congo red in DMF	0-10
	Phenol red in ethanol	0-20
	MTB in methanol	0-16
0-50	Congo red in ethanol	0-40
	Erioglaucine in DMF	0-28
	Simpson violet in acetone	0-50

BTB bromomethyl blue

MTB methylthymol blue

DMF dimethylformamide

Remerciements

Je tiens à remercier le grand professeur M. Barakat, sans qui je n'aurais pas commencé à écrire ce livre. Sans ses conseils constants et son réel intérêt pour le sujet et pour mon travail, ce livre n'aurait pas été possible, tout comme le Dr Ola Moshref pour sa relecture du livre et enfin mon cher fils pour son soutien et ses commentaires utiles.

Références

1- R. J. Fessenden et J. S. Fessenden, (1990), Organic Chemistry, 4e édition, Brooks/Cole, Pacific Grove, Californie.

2-I.L. Finar, Chimie organique volume 1, "Fundamental Principles" Longman, p. 879

3-Monsieur N.P. Badgujar, "Introduction aux colorants", 4 septembre (2014).

4-Booth, Gerald (2000), Colorants, Aperçu général, Wiley-VCH.

5-N. N. Mahapatra, "Textile Dyes", CRC Press, Apr. 5, 2016 - Technique et Ingénierie, p. 99 (2016).

6-Goodwin Gill, "A Dyer's ManuaF'P. 11, Pelham (1982).

SekarAlfin Rxii-3, Organic-resume, "Composés azotés et composés azotés", -Scribd, (2015).

7-*http://www. iiem. com/em/dyes/chapter3.html,* classification des colorants,

8-Disha experts, 'General Science' Guide for Competitive Examination, Disha publications, Jul 7, 2017 - p. 136, CSAT/ NDA/ CDS/ Railways/ SSC/ UPSC/ State PSC/ Defence.

9-Paula E. Burch, PhD, "Teinture du polyester avec un colorant dispersé", mai (2003).

10-Ashis Kumar Samanta et AdvaitaKonar, "Dyeing Textiles with Natural Dyes" Département de la technologie du jute et des fibres, Institut de la technologie du jute, Université de Calcutta, publié par Intechopen, Inde, 14 novembre (2011),.

11-Bhawana Ghorpade, et. al, "Teinture du coton et de la soie avec des colorants naturels sélectionnés", chapitre 2, pp. 19 (2000) .

12-S. Atmaghnananda, V.V. Subramanian et V. Sivasubramanian, Vivekananda Institute of Algal Technology (VIAT) Chennai 600004, Inde (2009).

13-A. Gurses et al., "Dyes and pigments" Springer Briefs in Green Chemistry for Sustainability, "Dyes and pigments : Leur structure et leurs propriétés" p. 13-14, (2016).

14-I.Baser, J. Inanici, "Chemistry of Dyes", Marmara University Pub, Istanbul (1990).

15-VikasPremzada, Natural Dyes - An Eco-friendly Approach, Department of Sericulture, Acharya Narendra Dev College, University of Delhi, GovindPuri, Kalkaji, Delhi 110 019 (2016).

16-Parshwanath Dye Stuff Industries. (Conditions d'utilisation) Développé et géré par

India MARTInterMESH Limited(1997).

17-M D Telia, Roshan Paul, Sachin M Landage & ArnabAich, "Ecofriendly processing of sulphur and vat dyes-An overview" Indian Journal of Fibre & Textile Research, Vol. 26, mars-juin, p. 101-107 (2001).

18-D.N. Mathur et S.K. Aggarwal, Dyeing Pigments and Dye Intermediates, New Delhi, Inde, dernière édition 1980-81, publiée par le Small Industry Research Institute.

19-N.A. Vysotskaya, L.N. Bortun, N.A. Ogurtsov, E.A. Migdalovich, A.A. Revina, V.V. Volodko, Radiolysis of anthraquinone dyes in aqueous solutions, Int. J. Radiat. Appl. Instrument. Partie C., Radiat. Phys. Chem., 28 (5-6), 469-472 (1986).

20- W. Beshir, Radiation-sensitive indicator based on polyvinyl alcohol stained with tetrabromophenol blue, Intern. J. Radiat. Phys. Chem., 86, 129-135 (2013).

21-N. Bedear El-Assy, A. Alian, F. Abdel Rahim et H. Roushdy, Hydroxyanthrachinone-Farbstofflösungen für die Strahlendosimetrie, Int. J. Appl. Radiat. Isot, 33 (6), 433-8, Jun (1982).

22- A. A. Abdel Fattah, W. B. Beshir, El-Sayed A. Hegazy, and Ezz El-Din H., Photo-luminescence of Ris0 B3 and PVB Films for Application in Radiation Dosimetry, Radiat. Phys. Chem., 62, 423 (2001).

23- J. Perkowski, J. Maier, Gamma-ray radiolysis of an anthraquinone dye in aqueous solution, J. Radial. Nucl. Chem., article,132(2), 269 (1989).

24-J. Perkowski, L. Kos, R. Zylla, S. Ledakowicz, A Kinetic Model of Decoloration of Water Solution of Anthraquinone Dye Initiated by Generated Hydroxyl Radicals.Fibres and Textiles in Eastern Europe, 13 (6), 54 (2005).

25- M. M. AbuSekkina et S. S. Assar, Further studies on the radiation dosimetry of some amino-anthraquinone dyes. Isotopes dans la recherche sur l'environnement et la santé, 21 (11), 384 (1985).

26-N. Bedear El-Assy, A. Alian, F. Abdel Rahim et H. Roushdy, Hydroxyanthrachinone-Farbstofflösungen für die Strahlendosimetrie, Int. J. Appl. Radiat. Isot, 33 (6), 433-8, Jun (1982).

27-J. Perkowski, J. L. G?bicki, R. Tubis, and J. Mayer, Pulse Radiolysis of Anthraquinone Dye Aqueous Solution, Radiat. Phys. Chem., 33 (2), 103-108 (1989).

28-S. Ebraheem, A. A. Abdel-Fattah, W. B. Beshir, H. M. Hassan, A. Kovacs et L.

Wojnarovits, Système de dosimétrie liquide au cyanure de formylviolet, Radiat. Phys. Chem., 76 (7), 1218-1221 (2007).

29-M. El-Banna et M.F. Barakat, Radiolytic effects on Simpson's violet dye and their applications, J. Radiol. Nucl. Chem., 264, (3), 657-664 (2005).

30-Eau, Disc. Faraday Soc. 12, 248 (1952).

31-M. El Banna, thèse de doctorat "Étude de quelques effets radiolytiques dans des échantillons non aqueux de colorants organiques", Faculté des sciences, Université Ain Shams, pp. 53-56 (1998).

32-Binguo Zheng ; Inst. of Resources & Environment, ZhengZhou Inst. of Aeronaut Manage, ZhengZhou, China ; Chunguang Li ; Linyan Jiang ; Lizheng Liang ; Weigong Pen ; JunlingNiu, "Degradation of Methylene Blue in Aqueous Solution by Gamma Irradiation" Bioinformatics and Biomedical Engineering, (iCBBE), 5th International Conference on, pp.1-4, 10-12 May (2011).

33-AmmarHouas, HindaLachheb, Mohamed Ksibi, ElimameElalaloui Chantal Guillardb, Jean-Marie Herrmann, Photocatalytic Degradation Pathway of Methylene Blue in Water, Applied Catalysis B : Environment 31, 145-157 (2001).

34-W.H. Cropper, Sandia Corporation, Mémorandum technique n° 139- 59 (16), p. 17, (1959).

35-G. L. Clark et C. Fitch, Radiology, Chemical effects of X-rays on certain aromatic colours and dyes, 17, 285 (1931).

36- K. K. Sharma, P. O'Neill, J. Oakes, S. N. Batchelor et B. S. MadhavaRao, One-electron oxidation and reduction of different tautomeric forms of azo dyes : A pulsed radiolysis study, J. Phys. Chem. A, 107 (38), 7619-7628 (2003).

37- Cs. M. Foldvari et L. Wojnarowicz, The role of reactive intermediaries in the radiolytic destruction of acid red 1 in aqueous solution, Rad. Phys. Chem., 78, 13-18 (2009).

38- M. Wang, R. Yang, W. Wang, Z. Shen, S. Bian, Z. Zhu , "Décomposition induite par les rayonnements et décoloration de colorants réactifs en présence de $H_2 O_2$ ". Radiation Physics and Chemistry, vol. 75, numéro 2, février, p. 268-291 (2006).

39- M. Sc. Dissertation d'Iman Mohamed, Études radiolytiques de quelques colorants dans des solutions aqueuses, Ain Shams University, Faculty of Sciences for Girls, p.67

(2009).

40- D. Solpan, O. Guven, E. Takacs, L. Wojnarovit, K. Dajka, High-Energy Irradiation "Treatment of Aqueous Solutions of Azo Dyes of C.I. Reactive Black 5 azo dye : Steady State Gamma Radiolysis Experiments" Radiat. Phys. Chem., 67, 531-534 (2003) ;
K. Dajka, E. Takacs, D. Solpan, L. Wojnarovit et O. Guven, "Irradiation à haute énergie de solutions aqueuses de colorants azoïques C. I. Colorant azoïque réactif Black 5 : Expériences de radiolyse pulsée" Radiat. Phys. Chem., 67, p. 535-538 (2003).

41- Cs. M. Foldvary, et L. Wojnarovits, "The Effect of High Radiation on Aqueous Solution of Acid Red 1 Textile Dye" Radiat. Phys. and Chem., 76, p. 1485-1488 (2007).

42- L. Wojnarovits, T. Palfi, et E. Takacs, "Kinetics and Mechanism of Azo dye Destruction in Advanced Oxidation Processes," Radiat. Phys. Chem., 76 (8-9), p. 1497-1501 (2007).

43- M. Sleiman, D. Vildozo, C. Ferronato et J. M. Chovelon, "Photodégradation catalytique du colorant azoïque Metanil Yellow : optimisation et modélisation cinétique par une approche chimiométrique" Appl. Catal. B : Environnement, 77, p. 1-11 (2007).

44- L. Wojnarovits, T. Palfi, E. Takacs et S. S. Emmi, "Differences in reactivity of hydroxyl radicals and hydrated electrons in the destruction of azo dyes", Radiat. Phys. Chem.74, p. 239-246 (2005).

45- H. E. Zittel, "Effect of gamma radiation on some organic pH indicators" J. Radioanal. Chem., 14, p. 19-28 (1973).

46- K. Vinodgopal et P.V. Kamath, "Oxidation Mediated by Hydroxyl Radicals : A Common Pathway in Photocatalytic, Radiolytic and Sonolytic Degradation of Textile Dyes, Environmental Applications of Ionising Radiation" édité par William J. Curry et Kevin E. O'Shea, John Wiley & Sons Inc, p. 587597(1998).

47- M. F. Barakat et M. El Banna, Radiolytic studies of some organic dyes in aqueous solutions, Int. J. Faible rayonnement, 4 (4), p. 286-296 (2007).

48- M. A. Rauf, S. S. Ashraf, "Radiation-induced degradation of dyes - a review", J. Hazard. Mat., 166, (1), 6 (2009).

49- Agustin N. M. Bagyo, WinartiAndayani, Hendingwinarno, ErminKatrin et Yanti S. Soebianto, "Radiolysis of reactive azo dyes in aqueous solution", J. Rad. Sci. Appl, 33 (8), p. 45-51 (1987).

50- M.Y. Hussain, Islam-ud-Din, T. Hussain, Nasim Akhtar, S Ali et Inamul Haq, "Response of Sandal fix RedC4BLN Dye Solutions Using Co60 γ- Radiation Source at Intermediate Doses" Pak. J. Agri. Sci, 46 (3), (2009).

51- N. B. El-Assy, F. Abdel-Rehim, A. S. Abdel-Gawad, A. A. Abdel-Fattah, "Radiation-induced degradation of diazo dye in aqueous solution II", J. Radioanal. Nucl. Chem., article, 157 (1), p. 133-141 (1992).

52- Г. L. Clark et P. E. JR. Bierstedt, "Dosimétrie par rayons X par radiolyse de quelques solutions organiques, II. Solutions indicatrices sensibilisées". Res. 2, p. 295 (1955b).

53- M. F. Barakat, K. El-Salmawy, M. El-Banna, M. Abdel Hamid, et A. Abdel Rehim Taha, Radiation Effects on some Dyes in Non-Aqueous Solvents and in some Polymeric Films, Rad. Phys. Chem., 61, p. 129-136 (2001).

54- R. E. Wyant, Dans : J. F. Kircher et R. E. Bowman (Eds.) Effect of Radiation on Materials and Components, Reinhold Publishing Corporation, NY, p. 240, 205 (1964).

55- M. Lal, Radiation-induced oxidation of sulphidryl molecules in aqueous solutions, an exhaustive review, Rad. Phys. Chem. 43 (6), P. 595 (1994).

56- V. N. Khabarov et L. L. Kozlov, Radiation stability of organic azo dyes in aqueous solutions, High Energy Chemistry. Energie, 21 (3), p. 204 (1987).

57- O. A. Survorov, I. A. Vasiliev, Gamma-ray radiolysis of ethyl solutions of polymethine dyes, Chemistry of High Energy. Energie, 23 (3), p. 230 (1989).

58- N. Souka et Ayad N. Farag, Dosimetric studies based on radiation-induced discolouration of Sudan red and Sudan blue dyes in organic solutions, Int. J. Appl. Radiat. Isotope, 41 (8), p. 739 (1990).

59- Г. L. Clark et P. E. JR. Bierstedt, Dosimétrie par rayons X dans la radiolyse de quelques solutions organiques. I - Dithizone et solutions de jaune de méthyle, Rad. Res. 2, p. 199 (1955a).

60- B.L. Gupta et E.J. Hart, "Radiation chemistry of some sulphophthalein dyes" Rad. Res. 48 (8) (1971).

61- S. M. Hasany et H. Rehman, J. Radioanal. Nucl.Chem. Briefe, 153 (1), 5 (1991).

62- M. F. Barakat et M. El Banna, The use of some organic dyes in determining gamma radiation dose, J. Radial. Nucl.Chem. 287 (2), P. 367-375 (2011).

63- M. F. Barakat et M. El Banna, "Organic dyes in chemical dosimetry 1 - The use of p-ethoxychrysoidine and methyl red in chemical dosimetry" Actes de la sixième conférence arabe sur les utilisations pacifiques de l'énergie atomique, Le Caire, Égypte, 14-19 décembre 2002, p. 239, (2003).

64- J. Wilkinson et H. J. M. Fitches, Effect of gamma rays on dithizone in some organic solvents, Nature, 179, p. 863 (1957).

65- N. V. Bhat, M. M. Neith, R. M. Bhat et B. K. Bhatt, Effect of y-irradiation on polyvinyl alcohol films doped with some dyes and their use in dosimetric studies, Indian Journal of Pure and Applied Physics, 45, 545-548, June (2007).

66- S. Akhtar, T. Hussain, A. Shahzad, K. ul-Islam, M. Yu Hussain1 et N. Akhtar, Radiation-induced decolorization of reactive dye in PVA films for film dosimetry, J. Basc, Appl. Sc. , 9, S. 416-419 (2013).

67- S. E. Abdel Aal, A. M. Dessouki et Y. H. Gad, Removal of some industrial effluents by polymeric materials and gamma irradiation, Radioanal. Nucl.Chem., 247 (2), p. 399-405 (2001).

68- M. A. Rauf et M. Z. Zaman, Radiation-induced decolorisation of oxazine in ethanol solutions, Radial. Nucl.Chem., 120 (1), 41-47 (1988).

69-M. F. Barakat et al, "Radiolytic effects on the dyes rhodamine B and sandocrylic blue B- 3G in aqueous **solutions**" Isotopic and Radiation Research, 43 (3), p. 577-587 (2009).

70- N. B. El-Assy, F. Abdel-Rehim, E. S. A. Abdel Gawad et A. A. Abdel-Fattah, Degradation of a Stilbene Dye (SOTGL) in Aqueous Solutions Under Gamma Radiation, Radioanal. Nucl.Chem., 148 (2), p. 235-249 (1991).

71- M. S.A. Abdel Mottaleb, F. Abdel Rehim et N.B. El Assi, Styrylcyanine dye solutions for radiation dosimetry, Radioanal. Nucl. Chem., article, 81 (1), p. 6775 (1984).

72- M. F. Barakat et M. El-Banna, Effects of gamma rays on UO2 (II), Fe (II) and Fe (III) complexes with ferrone and tyrone in solutions, Arab J. Nucl. Chem. Appl., 47 (3), (2014).

73- W.L. McLaughlin, L. Chuckley, E.K. Hussmann et H. Eisenlohr, A chemical dosimeter for monitoring gamma radiation doses of 1-100 crad, Intern. J. Appl. Radiat. Isotope, 22, 135 (1971).

74- W. Beshir. and S. Ade, Study of quinaldine red dyed poly(vinyl alcohol) and poly(vinyl butyral) based films for high-dose dosimetry applications, J. Polymer Chem., 2, 113-116 (2012).

75- H. S. Groninger, A. L. Tappel, Dégradation de la thiamine dans la viande et dans une solution aqueuse par les rayons gamma, J. Food Science, 22 (5), 519-523 (1957)

76- M. El Banna, Effect of gamma rays on titanium yellow solutions, Arab J. Nucl. Sci. Appl., 45 (4), 57-66 (2012).

77- Γ. M. Wilson, Traitement de la viande par les rayons ionisants. II. Observations sur la dégradation de la thiamine, SCi. Lebensmittel Landwirtschaft, 10 (5), 295-300 (1959).

78- W.H. Cropper, Sandia Corporation, Mémorandum technique n° 16, 139- 59, p. 14, (1959).

79-Etude de mode textile Technique textile et design de mode Blog, colorants et produits chimiques 4 mai (2012).

80- D. Hale, WADC-TN-59-79, mai, (1959) ; H. M. Khan, M. Anwer et Z. S. Chaudhry, "Dosimetric Characterization of Aqueous Solution of Brilliant Green for Low-Dose Food Irradiation Dosimetry", Radiat.Phys. Chem., 63 (3), p. 713-717 (2002).

81- F. Abdel-Rehim, F. I. A. Said, A. A. Abdel Azim, M. M. El Dessouky et N. Youssef, Use of Bromothymol Blue Solutions as a Spectrophotometer Dosimeter, Radiat. Phys. Chem., 30, p. 209 (1987).

82- F. Abdel-Rehim, S. A. Ade, N. Suka et W. L. McLaughlin, Radiolysis of bromophenol blue in aqueous solutions, Radiat. Phys. Chem. 27 (3), 211-217 (1986).

83- H. M. Khan, S. Tabassum, M. S. Wahid, Characterization of a aqueous solution of cresol red as a food irradiation dosimeter, J. Radioanl. Nucl.Chem., 280 (3), 635-641 (2009).

84- M. Hassan Khan*, Mohammad Anwer et S. Zahid Chaudhry, "Dosimetric characterization of an a aqueous solution of brilliant green for low-dose dosimetry of food irradiation", Radiation Physics and Chemistry, 63, pp. 713-717 (2002).

85- N. B. El Assy, Chen Yun-Dong, M. L. Walker, M. Al-Sheikly et W. L. McLaughlin, Anionic Triphenylmethane Dye Solutions for Low-Dose Food Irradiation Dosimetry, Radiat. Phys. Chem., 46 (4-6), 1189-1197 (1993).

86- F. Abdel-Rehim, S. E. Ade et N. Suka, Studies on the radiation stability of a violet solution of bromocresol, Nucl. Sci. J. , 28 (3), 175 (1991).

87- H.M. Khan et S. Naz. Naz., "Aqueous solution of basic fuchsin as a food irradiation dosimeter" (Solution aqueuse de fuchsine basique comme dosimètre pour l'irradiation des aliments), présenté au 1st Asia-Pacific Symposium on Radiation Chemistry, Shanghai, Chine (septembre 2006), Nucl. Sc. and Tech. , 18, 141-144 (2007).

88- W. A. Armstrong et G. A. Grant, Radiation chemistry of solutions : I. The use of leucotriarylmethane compounds for chemical dosimetry, Rad. Res., 8 (5), 375387 (1958).

89- H. M. Khan et A. A. Khan, Characterisation of an a aqueous solution of Rose Bengal dye for the measurement of low gamma radiation doses, J. Radioanal. Nucl. Chem., 284 (1), 37-42 (2010).

90- N. Getoff, "Role of peroxide radicals and related species in the radiation-induced degradation of water pollutants" (Rôle des radicaux peroxydes et des espèces apparentées dans la dégradation des polluants de l'eau induite par les rayonnements) dans Environmental applications of ionising radiation, édité par William J. Cooper, Randy D. Curry et Kevin E. O'Shea. John Willey, &sons Inc. p. 231 (1998).

91- A. Kovacs, L. Wojnarovits, N. B. Al Assy, H. Y. Afeefy, M. El-Sheikhly, M. L. Walker et W. L. McLaughlin, Alcohol Solutions of Triphenyl-Tetrazolium Chloride as High-Dose Radiochromic Dosimeter, Radiat. Phys. Chem., 46 (4), p. 1217-1225 (1995).

92- Ayed S. Al Shihri et N. B. El-Assy, "Degradation of ethyl violet dye solution under gamma radiation" King Abdul Aziz University Journal - Science, Vol.15(1), pp.99-114, (1423 AH), January (2003).

93- W. B. Beshir et A. A. Abdel-Fattah, "Eosin-stained poly(vinylbutyral) films for high-dose radiation dosimetry", Intern. J. Polymeric Materials, 52 (6), 485-498 (2003).

94- M. Kattan, Y. Daher et H. Alkassiri, A high-dose dosimeter based on malachite green dyed polyvinyl chloride, Radiat. Phys. Chem., 76, 1195-1199 (2007).

95- A. A. Abdel Fattah, S. Ebraheem, M. El Kelany et F. Abdel Rehim, High-dose film dosimeters based on polyvinyl alcohol dyed with bromophenol blue or xylenol orange, Appl. Radiat. Isot, 47 (3), 345-350 (1996).

96- W. B. Beshir, S. Gaafar, S. Eid, S. Ebraheem, "Application de solutions de rhodamine B en dosimétrie". Appl. Radiat. Isotope, 89, juillet 13-17 (2014).

97-A. A. Abdel Fattah, W. B. Beshir, El-Sayed A. Hegazy, and Ezz El-Din H., Photo-luminescence of Ris0 B3 and PVB Films for Application in Radiation Dosimetry, Radiat. Phys. Chem., 62, p. 423 (2001).

98- E.N. Weber et R.H. Schuler, Radiative discolouration of dilute dye solutions : Chlorophenol red, Journal of the American Chemical Society 74, S.44154418 (1952).

99-El-Said El-Nagdt, M. R. El-Saadani et A. El-Said M., "Dose response and properties of FWHM dyed polyvinyl alcohol irradiated with gamma rays" Journal of Polymer Chemistry, 3, pp. 39-42 (2013).

100- M. C. Anta et M. L. R. Santos, Irradiation of indigo carmine by alpha particles and X-rays, Int. J. Appl. Radiat. Isotope, 4, 261 (1958).

101- A. Kovacs, K. Wojnarovits, C. Kurucz, M. Al Sheikhly et W. L. McLaughlin, Large Scale Dosimetry Using Dilute Methylene Blue Dye in Aqueous Solutions, Radiat. Phys. Chem. 52 (1-6), 539(1998).

102- N. Suzuki, T. Nagai, H. Hotta et M. Washino, The Radiation Induced Degradation of Azo Dyes in Aqueous Solutions, Int. J. Appl. Radiat. Isotope, 26, 726 (1975).

103- A. A. Abdel Fattah, Films of grafted polyvinylbutyral stained with rhodamine B and methylene blue for high-dose radiation dosimetry, 52 (1) (2003).

104- W. L. McLaughlin, "Solid-Phase Chemical Dosimeters" Technical Developments and Prospects of Sterilization by Ionizing Radiation.ed. / E. R. L. Gaughran ; A. J. Goudie.Montreal :Multiscience Publication Limited, p. 219-252.research > article in proceedings - Jahresbericht Jahr : (1975).

105-O. Yu. Nikolaeva, V.N. Khobarov, L.L. Kozlov et A.L. Karssei, High Energy Chemistry 20 (4), 294(1986).

106-A. M. El-Agramy, A. A. Shabaka et M. Fadly, Possible use of polymethylmethacrylate doped with mercury dithizonate as a megarad dosimeter. Pratique isotopique, 26 (10), 482, (1990).

Aperçu du contenu

I want morebooks!

Buy your books fast and straightforward online - at one of world's fastest growing online book stores! Environmentally sound due to Print-on-Demand technologies.

Buy your books online at
www.morebooks.shop

Achetez vos livres en ligne, vite et bien, sur l'une des librairies en ligne les plus performantes au monde!
En protégeant nos ressources et notre environnement grâce à l'impression à la demande.

La librairie en ligne pour acheter plus vite
www.morebooks.shop

KS OmniScriptum Publishing
Brivibas gatve 197
LV-1039 Riga, Latvia
Telefax: +371 686 204 55

info@omniscriptum.com
www.omniscriptum.com

Printed by Books on Demand GmbH, Norderstedt / Germany